STAUDEN

Ein Garten, der immer wieder blüht

Rob Proctor
Fotografien von Rob Gray
Blumenaquarelle von Rob Proctor
Vorwort von Rosemary Verey

DuMont Buchverlag Köln

FÜR DAVID

We'll build our house
And chop our wood
And make our garden grow.

Richard Wilbur in *Candide*

Titel der Originalausgabe:
PERENNIALS
Enduring Classics for the Contempory Garden

Ein Running Heads Buch

Aus dem Amerikanischen von Annette Roellenbleck

CIP-Titelaufnahme der Deutschen Bibliothek
Stauden: ein Garten, der immer wieder blüht / Rob Proctor.
Fotogr. von Rob Gray. Blumenaquarelle von Rob Proctor.
Vorw. von Rosemary Verey. [Aus dem Amerikan. von Annette
Roellenbleck]. – Köln: DuMont, 1991
Einheitssacht.: Perennials
ISBN 3-7701-2797-8
NE: Proctor, Rob; Gray, Rob; EST

Satz der deutschen Ausgabe: Fotosatz Harten, Köln
Reproduktionen: Hong Kong Scanner Craft Company, Ltd.

Printed in Singapore ISBN 3-7701-2797-8

DANKSAGUNG

In einem Dorf in East Anglia gibt es einen einfachen, schönen Garten. Auf einem Schild am Gartentor ist zu lesen: »Alle, die Blumen lieben, sind willkommen.« Gäbe es nicht solche großzügigen Gartenfreunde, die uns ihre Türen geöffnet und uns Einblick in ihre Schöpfungen haben nehmen lassen, hätte dieses Buch nicht entstehen können. Rob Gray hat auf seinen Fotos die unterschiedlichen Charaktere der großen und kleinen Gärten auf zwei Kontinenten festgehalten. Ich danke allen Arrangeuren, insbesondere Robin Preston und Angela Overy, die die Gestecke und Sträuße anfertigten, und all denen, die uns großzügig ihre Gärten und Häuser geöffnet haben:

Richard Brittain
Diane Dalton
Beth Chatto
Diana Monday
Monica und Jeremy Pemberton
Lewis Hart
Rosemary Verey
Magaret Fuller
Mary und Procter Naylor
Christopher Lloyd
Bea Taplin
Anne Weckbaugh
Tweet Kimball
Peter Harley
Tom Peace
Karen und Jim Esquibel
Mary Kay Long und Dennis Unites
Nancy Stimson Watters
Elfreda Sacarto
Pat Thorpe
Don Hewitt und Marilyn Berger

Allen Haskell
Peter Stephens
Chris Lennon
Rennie Reynolds
The Cloisters
Denver Botanic Gardens
Nymans Garden
Sissinghurst Castle Garden
Kiftsgate Court Gardens
Owl House Gardens
Dowcra's Manor
Penshurst Place
Hever Castle
Hidcote Manor Garden
Scotney Castle Garden
Kew Royal Botanic Gardens
Cambridge University Botanic Garden
Old Sturbridge Village
Sundial Herb Garden
Graymoor Antiques

Ganz besonders sei gedankt:
Deane Hall
Panayoti Kelaidis
Ray Daugherty
Lauren Springer
Rita Buchanan
Solange Gignac von The Helen Fowler Library, Denver Botanic Gardens
Pat Pachuta
Alcinda Cundiff
Nancy Ballek MacKinnon, Ballek's Garden Center
Jeanne Ruggles
Starr Tapp
Thornton's Antiques
Susan Sheridan
Lin Hulbert
Ian Beyer
Edward Connors
Annie Duncan
Andrew Pierre

I N H A L T

VORWORT VON ROSEMARY VEREY

Es sind drei Dinge, die ich an Stauden besonders liebe: Sie kehren zuverlässig jedes Jahr wieder, um wie alte Freunde begrüßt zu werden; sie werden von Jahr zu Jahr schöner und lassen sich leicht vermehren, für den eigenen Gebrauch und als Geschenke für Gartenfreunde in der Nachbarschaft; und viele von ihnen haben eine interessante Geschichte, die sich über mehrere Jahrhunderte erstreckt. Diese drei Aspekte behandelt Rob Proctor einfühlsam und kenntnisreich in seinem umfassend angelegten Buch, das sich, wie er sagt, nicht so sehr mit der Geschichte der Stauden beschäftigt, als vielmehr mit Stauden, die eine Geschichte haben.

Ich kenne keinen noch so spezialisiert angelegten Garten, in dem Stauden nicht wichtig sind, wenn sie nicht sogar eine Schlüsselrolle spielen. Sie sind die Dauergäste, die Überlebenskünstler. Sie mögen im Gartendienst alt werden und durch eine jüngere Generation ersetzt werden müssen, haben sie sich aber erst in der Rabatte als wertvoll erwiesen, ist ihnen Nachkommenschaft sicher.

Wie Kleidermoden gibt es auch Blumenmoden. Einige Blumen werden liebevoll gehegt, sogar verbessert, wieder andere gehen mit der Zeit verloren. Rob Proctors Auswahl alter Stauden schließt unsere Lieblingsblumen ein: Glockenblumen und Clematis, Iris, Lilien und Storchschnabel. Wie bei allen alten Freunden ist es interessant, ihre Geschichte kennenzulernen: ihren Geburtsort, die Pflanzensammler, die sie aufspürten, die Autoren, die sie bekannt machten, die Gärtnereien, die sie anboten, ihre alten Namen und neuen Varietäten. Es rührt uns an, daß die Rapunzel aus dem Märchen ihren Namen von der Glockenblume *Campanula rapunculus* erhielt, oder daß eine bestimmte Pflanze im eigenen Garten zuallererst von John Tradescant für den englischen König Karl II. gezogen wurde.

Wo unsere alltäglichen Rabattenpflanzen etwas vom Geist der alten Gärtner wachrufen, kommt ein Gefühl von Abenteuer auf, Begeisterung für die Entdeckung und Züchtung neuer Varietäten. Vor kurzer Zeit hat mich ein junges Mädchen aus Deutschland besucht. Ihr Urgroßvater war Georg Arends, der 1888 seine Gärtnerei gründete und sich durch viele ausdauernde, durch Kreuzung gezüchtete Pflanzen verewigte. – *Astilbe x arendsii* und Eisenhut, *Aconitum arendsii*, sind nur zwei Beispiele unter vielen. In unserer Zeit haben Margery Fish, die große Verfechterin des Cottage-Gartens, und Valerie Finnis, die die alpinen Pflanzen berühmt gemacht hat, Pflanzen auf beiden Seiten des Atlantik ihren Namen gegeben. Ich bin besonders stolz darauf, mit der Staude *Lavatera thuringiaca* 'Barnsley' in Verbindung gebracht zu werden. Zwar kann ich keine Züchterehre beanspruchen, habe aber ihre Schönheit entdeckt und sie anderen Gartenfreunden bekannt gemacht.

Das Gefühl von Abenteuer beschränkt sich nicht auf die Entdeckung und Benennung neuer Stauden. Seit der Jahrhundertwende hat sich in der amerikanischen Gartenkultur ein Trend entwickelt, der sich auf packende Weise von den europäischen Standards wegbewegt – ein kühner, phantasievoller, durch und durch moderner Gartenstil ist im Entstehen. Wo immer ich mich in diesen Tagen in Amerika aufhalte, überall wird über Stauden geredet, und in meinem Garten in Gloucestershire stellen mir amerikanische Besucher Fragen über Fragen zu unseren Stauden. Oft kann ich ihnen sagen, daß eine von ihnen bewunderte Pflanze aus ihrem eigenen Land stammt.

Ideen entwickeln sich aus Wissen, Beobachtung und Versuch. Wie groß oder klein auch immer Ihr Garten sein mag, dieses Buch wird Sie wieder ein Stück voranbringen.

Die gestreifte Form des Wiesenstorchschnabels ist bekannt als ›Queen Anne's Needlework‹. GEGENÜBER: *Abutilon* und *Schizanthus* im Wintergarten von Barnsley House. UNTEN: *Campanula poscharskyana* am Fuß einer Steinmauer.

VORWORT DES AUTORS

Ich habe Blumen immer geliebt. Als Baby soll ich, einmal auf der freien Rasenfläche mir selbst überlassen, sofort auf die Blumenbeete zugesteuert sein und Petunien verzehrt haben. Es mag schon sein, daß wir als Kinder die Dinge aus einer anderen Perspektive wahrnehmen, ich behaupte aber, daß die Hummeln auf den herabhängenden Zweigen unseres Spierstrauchs damals, als ich fünf Jahre alt war, unverhältnismäßig groß waren. Der Mais im Garten, unter dem ich sämtliche Bewohner des Puppenhauses meiner Schwester begrub (ein Verbrechen, das ich niemals eingestand), war damals zweifellos höher als in meinem Garten heute. Der Schierling rings um unsere Hühnerställe war ein dichter Dschungel, und ein Gefühl der Angst beschleicht mich noch heute, wenn ich daran denke. Wildblumen dienten mir als ›natürliche‹ Umgebung für die Kröten, die ich in Schuhkartons gefangenhielt.

Die eigentliche Wende in meinem jungen Leben trat ein, als ich acht Jahre alt war und wir in die Stadt zogen. Ich kann mich nur noch schwach an unser Haus erinnern. Wichtig war nur der Garten des Hauses auf der anderen Straßenseite – ein wahres Disneyland der Gartenkunst. Nichts zuvor oder seitdem ist mir so wunderbar erschienen. Wacholder, zu Körben mit Henkeln beschnitten und angefüllt mit Storchschnabel, flankierte die Einfahrt. Kletterrosen und Clematis überwucherten das Hausvordach. Es gab in diesem Garten breite Rabatten und ein sternförmiges Rosenbeet. Katie, die Gärtnerin, hatte keine Kinder und war wie eine Großmutter für uns alle in der Nachbarschaft.

Zierlaucharten, *Allium senescens, Allium tuberosum* und die mit dem Lauch eng verwandte *Tulbaghia violacea.* GEGENÜBER: Die Walisische Mohnblume *(Meconopsis cambrica)* über dem Storchschnabel *Geranium himalayense.*

Ich wollte alles über Blumen wissen, und Katie war eine geduldige Lehrerin. Ich lernte von ihr, wie man die verwelkten Blüten der Stiefmütterchen entfernt, wie man pflanzt, aufbindet, teilt, umpflanzt, Unkraut jätet und vieles mehr. Meine Mutter mußte sich niemals sorgen, wo ich stecken könnte, und die Unterbrechungen durch den Schwimmunterricht ärgerten mich sehr. Was ich von Katie lernte, habe ich nicht wieder vergessen. In einem Schulaufsatz der Gattung »Was ich einmal werden möchte« habe ich damals geschrieben, ich wolle Künstler werden und Blumen ziehen. Für praktische Eltern wie die meinen waren diese Vorstellungen teils amüsant, teils erschreckend, da sie in keiner der beider Tätigkeiten eine Zukunft sehen konnten.

Zwei Jahre später zogen wir wieder um, aber mein Schicksal war besiegelt. Meine Schwester und ich legten Steingärten an, sobald wir bei Familienausflügen in die Berge genügend Steine gesammelt hatten. Ich erinnere mich noch an unsere Steingärten, die wir vorwiegend mit Sedum- und Sempervivumarten bepflanzten. Wir fanden sie großartig, obwohl vermutlich ihre Ähnlichkeit mit Hundegräbern den Eindruck erweckte, unter unseren Haustieren sei eine Pest ausgebrochen.

In meiner Collegezeit und während der Jahre, in denen ich ein Appartement bewohnte, mußten Zimmerpflanzen und Blumenkästen meine gärtnerischen Bedürfnisse befriedigen. Aber als ich schließlich meinen eigenen Garten besaß, pflanzte ich all die Blumen, die ich bei Katie geliebt hatte. Stiefmütterchen, Mohn und Primeln erblühten nur für mich, wie damals für sie. Bartnelken, Steinkraut und Ziertabak erfüllten die Luft mit ihrem süßen Duft. Wollziest und Frauenmantel rahmten die Rabatten mit Ehrenpreis, Lilien und Mädesüß ein. Es waren die Pflanzen, die ich seit meiner Kindheit kannte und liebte. Gärtnerische Moden haben in meinem Garten niemals bewußt eine Rolle gespielt; die genannten Pflanzen sind nicht nur die Blumen meiner Kindheit, sondern auch die unserer Vorfahren. Sie sind lebende Bindeglieder zwischen vielen Generationen. Ein Gartenbesitzer nimmt vielleicht mehr als jeder andere den Wechsel der Jahreszeiten und die Vergänglichkeit der Zeit wahr. Mag die Zeit in einem Garten mit großer Annehmlichkeit verstreichen, wir wissen, daß jeder von uns nur eine begrenzte Anzahl von Gärten in seinem

Leben verwirklichen kann. Jedes neue Jahr zähle ich als einen neuen Garten, und jeden Herbst erkenne ich mit Wehmut, daß bald schon wieder einer dahin sein wird. Die gärtnerische Arbeit bemißt sich nach Tagen, Jahren und nach der ganzen Lebenszeit. Sie ist eine eigenartige Kombination aus Wissenschaft und Kunst, die wahre Gartenliebhaber begreifen. (Gärten, in denen weder das eine noch das andere zum Zuge kommt, sind Ausnahmen.) Gute Gartenarbeit setzt einige elementare Fertigkeiten voraus – wie man zum Beispiel ein Loch gräbt oder einsät –, aber ›Kunst‹ ist etwas anderes, obwohl das Gärtnern eigentlich schon höhere Fähigkeiten notwendig einschließt. Vor allem ist das Experimentieren eine unabdingbare Voraussetzung jeden exzellenten Erfolges.

Auch die Mode spielt eine Rolle in unseren Gärten, ob wir es zugeben wollen oder nicht. Positiv kann ihre Wirkung sein, wenn sie zur Wiederentdeckung schöner Pflanzen führt, negativ, wenn sie ebenso schöne Pflanzen verbannt oder sogar, im schlimmsten Fall, dem Aussterben nahe bringt. Die Sucht nach neuen Spezies hat gelegentlich den Tod einer alten Pflanze zur Folge gehabt. Die Welt benötigt nicht wirklich eine neue tellergroße Dahlie, aber es mag sie in Gottes Namen geben, solange für alle diejenigen Sterndolden erhältlich sind, die sie mögen und ziehen wollen. Die größeren und leuchtenderen Blumen sind nicht immer die besseren und die Bedeutung von ›Charme‹, ›Zauber‹, ›Liebreiz‹ wird bei weitem unterschätzt. Gärten sind glücklicherweise viel mehr als Pop-art-Bilder. Viele von uns entdecken von neuem die Kunst, fast vergessene Blumen zu ziehen. Zurschaustellung von ›Modernität‹ muß nicht sein.

Dieses Buch befaßt sich nicht mit der Geschichte der Stauden, eher mit Stauden, sofern sie eine Geschichte haben. Römer, mittelalterliche Mönche, viktorianische Pflanzensammler und unsere eigenen Großmütter haben zu unserem Stoff beigetragen. Jeder von uns mag die Geschichten ergänzen.

EINFÜHRUNG

ZURÜCK ZU DEN ALTEN STAUDEN!

Die Geschichte unserer Blumen beginnt natürlich vor ihrer Erwerbung in der Gärtnerei. Einige von ihnen sind erst gestern von Züchtern hervorgebracht worden, andere können bis ins Altertum zurückverfolgt werden. Das Vergnügen, sie zu ziehen, entspringt zu einem großen Teil dem Wissen um ihre Geschichte. Die auf diesen Seiten vorgestellten Stauden sind alle schon vor Beginn dieses Jahrhunderts in Gärten gepflanzt worden. Als ›alt‹ gelten sie, weil sie seit mindestens hundert Jahren kultiviert werden; viele sind weitaus älter. Wenn in diesem Buch ein genauer Zeitpunkt ihres Auftretens angegeben wird, dann ist auf den Moment Bezug genommen, zu dem eine Pflanze zum erstenmal in England gezogen wurde. Mehr als irgendwo anders hat sich in England ein hoher Standard des Gartenbaus herausgebildet, der in der ganzen Welt Anerkennung gefunden hat.

Die amerikanische Gartentradition ist zum großen Teil eine englische. Frühe Kolonisten haben sowohl die Pflanzen als auch das notwendige Gespür für ihre Kultivierung aus dem Heimatland mitgebracht. Gewiß haben viele europäische Kulturen eine bedeutende Rolle in der Entwicklung des englischen und amerikanischen Gartens gespielt, aber immer waren es westliche Einflüsse. Schon uralte Kulturen besaßen eine große Tradition der Gartenkunst, aber häufig ist, wie bei den Azteken, alles Wissen darum mit der Zerstörung der Kultur untergegangen. Es bestünde wenig Interesse, heute einen authentischen aztekischen Garten wiedererstehen zu lassen; so gilt unser Hauptaugenmerk den Blumen Europas und Nordamerikas.

Immer schon sind die Blumen der Gärten gepflückt und in Innenräume gebracht worden. Ihre Symbolik durchdrang alle Kulturen. Eine der ersten Darstellungen eines Blumenarrangements findet sich auf einem römischen Mosaik aus dem ersten Jahrhundert unserer Zeitrechnung: aus einem einfachen geflochtenen Korb ragen einige Rosen, Nelken und Anemonen. Aromatische Pflanzen wie Lavendel und Waldmeister erfüllten die Luft der modrigen mittelalterlichen Räume mit süßem Duft. Pflanzenkundige Mönche schmückten die Altäre an den Heiligenfesten, und Blumensträuße wurden auf die Gräber gelegt. Die Damen in der amerikanischen Kolonialzeit pflückten eine Handvoll Ringelblumen und Duftpelargonien, die sie in die Kirche mitnahmen. Das Riechen an den würzigen Bouquets hielt sie während der langatmigen Predigten wach. Große Meister der europäischen Malerei wie Jan Brueghel haben herrliche Blumenbouquets gemalt. Die Viktorianer haben die Ansteckssträußchen populär gemacht und die Kunst des Blumensteckens zu neuen Höhen der Raffinesse geführt. Schulen, Kulte und Trends haben sich enorm vermehrt. Für einige war das Zusammenstellen von Blüten ein eigenes Fach mit spezifischen Normen.

In *Onward and Upward in the Garden* erzählt Katherine S. White von einer Blumenschau in ihrer Gegend und einer Freundin, die bei diesem Anlaß Schleierkraut für ein Blumengesteck verwandte. »Ein Richter, der die Ausstellung sah, schrieb mir: ›Sie sollten auf *keinen* Fall Schleierkraut verwenden. Man würde es niemals in einer anspruchsvollen Schau akzeptieren‹«. (Natürlich gibt es keinerlei kodifizierte Regeln, die das verbieten.) Nun bin ich auch nicht gerade vom Schleierkraut begeistert; ich erinnere mich an allzu viele Rosensträuße vom Anfang dieses Jahrhunderts, die Floristen mit zuviel Schleierkraut verdorben haben. Wenn aber Odilon Redon diese zarten Pflanzen in seine Blumenstilleben einfügen konnte, gab es überhaupt keinen Grund, warum eine Frau aus Maine dafür getadelt werden sollte, daß sie Vergnügen daran fand, in ihren Sträußen Schleierkraut zu verwenden.« Das Beispiel zeigt, wie sehr eine Mode diktieren kann, welche Pflanzen gezogen werden dürfen. Allzuoft oder ungeschickt verwendet, hat das Schleierkraut, *Gypsophila paniculata*, seine Beliebtheit eingebüßt. Es ist nahezu ein Hohn, daß der ganz ähnliche Meerkohl, *Crambe cordifolia*, über die längste Zeit dieses Jahrhunderts kaum bemerkt dahinsiechte und erst kürzlich in den schönsten Gärten zu Ansehen gekommen ist.

Stauden spielen in den meisten Gärten eine große Rolle, wobei die Definition von ›Staude‹ knifflig ist. Grob gesagt ist eine Staude eine Pflanze, die drei oder mehr Jahre lebt und sich dadurch von den Einjährigen unterscheidet, die ihre erste Wachstumsperiode nicht überleben, und von den Zweijährigen, die sich in einem Jahr entwickeln und im nächsten Jahr blühen und absterben. Im Unterschied zu den Einjährigen und in geringem Grad zu den Zweijährigen sind die Wurzeln der Stauden dauerhaft und fähig, kalte Winter zu überstehen. Welche Pflanze in einem Garten mehrjährig, d.h. eine ›Staude‹ ist, hängt vom jeweiligen Klima ab – was sich in Dallas als Staude erweist, muß nicht notwendi-

OBEN: Das Schleierkraut *(Gypsophila paniculata)* hat leider an Ansehen verloren. Seine duftigen Blütenzweige bilden hier einen schönen Rahmen für die lavendelfarbenen Blüten der Skabiosen. UNTEN: Eine ähnliche, aber viel größere Staude als Schleierkraut ist der Meerkohl *(Crambe cordifolia)*, hier inmitten einer Bepflanzung aus silbernem Laub und weißen Blumen.

gerweise auch eine Staude in Dundee sein – und umgekehrt.

Krautige mehrjährige Pflanzen – nichtholzige Pflanzen, die jeden Winter bis zum Boden absterben – sind im allgemeinen das, was die Gärtner unter Stauden verstehen, aber einige Zwiebelblumen, rankende Pflanzen und kleine Sträucher können auch als Stauden angesehen werden. Die Unterscheidung ist jedem Gartenfreund selbst überlassen.

Ein Wort muß noch zu der Unterscheidung zwischen Spezies (Arten) und kultivierten Varietäten gesagt werden. Eine Spezies ist eine nichtverbesserte Pflanzenform, die die Natur entwickelt hat. ›Kultivar‹ ist eine gezüchtete Varietät, die sich durch eine kleine Abweichung von der Spezies unterscheidet – sie kann zum Beispiel höher oder niedriger sein oder mehr oder andersfarbige Blüten hervorbringen. Die weißen Formen vieler Blumen kommen übrigens in der freien Natur vor und werden häufig von den Gartenfreunden besonders geschätzt. Eine Hybride ist der Bastard zweier (oder mehrerer) verschiedener Spezies; sie teilt gewöhnlich bestimmte Merkmale mit den Eltern. Was die alten Pflanzen anbetrifft, so sind die Grenzen zwischen Kultivaren und Hybriden unscharf, da ihr Ursprung oft unbekannt ist. Um die Sache noch komplizierter zu machen: Hybriden kommen oft in der freien Natur vor. Die Viktorianer bezeichneten solche Blumen abschätzig als »der Promiskuität entsprungen«. Einige Spezies sind sehr unbeständig und wilde Populationen können eine Vielfalt an Formen und Wachstumseigenschaften entfalten.

Einige alte Pflanzen sind von gewöhnlicher Art, waren mal in Mode, mal unmodern, sind aber immer von Gartenbesitzern, die sich um Moden wenig kümmern, gezogen worden. Andere sind niemals besonders populär geworden. Da die Gartenkultur schon so lange von englischen Autoren beeinflußt wird, haben Pflanzen, die im englischen Klima nicht gut gedeihen, keine allzu günstige Presse bekommen. Es ist ein altes Spiel auf beiden Seiten des Atlantik: Wir begehren die Pflanzen, die wir nicht kultivieren können. Wie oft ist es mir mißglückt, Spezies zu ziehen, die viel Feuchtigkeit benötigen! Sie mögen vielleicht in Oregon, Kent oder sogar Massachusetts gedeihen, aber bei mir gehen sie ein. Umgekehrt verkümmern oder verfaulen wahrscheinlich die Sonnenkinder – Blumen, die nur in richtiger Hitze gedeihen können – in ›günstigerem‹ Klima. Sie mögen in Kansas City oder Atlanta noch so populär sein, es ist unwahrscheinlich, daß englische Autoren wie Gertrude Jekyll oder William Robinson jemals etwas Lobendes über sie gesagt hätten. Glücklicherweise gibt es sehr viele Blumen von so großer Widerstands- und Anpassungsfähigkeit (und Gartenfreunde mit den gleichen Eigenschaften), daß sie fast in jedem Garten auf beiden Seiten des Atlantik gedeihen. Natürlich wird der Grad erreichter Vollkommenheit immer schwanken, aber Pfingstrosen, Mohn und Himmelsleitern schmücken große und kleine Gärten in den unterschiedlichsten Gebieten. Geschickte Pflanzenfreunde, die sich wenig um Winterhärtegrade kümmern, haben mit etwas Glück sogenannte frostempfindliche Pflanzen ausfindig gemacht, die bei ihnen gut gedeihen. Pflanzen können Winterhärte-Tabellen nicht lesen, und die Grenzen vieler müssen noch getestet werden.

OBEN: Herzblumen, *Dicentra eximia.* GEGENÜBER: Die blauen Blüten der Jakobsleiter *(Polemonium foliosissimum)* bieten zusammen mit den Primeln *(Primula sikkimensis)* einen reizvollen Anblick im Spätfrühjahr. UNTEN: Die weißen Blüten des Diptams *(Dictamnus albus)* werden hochgeschätzt.

Es gibt immer Fehlschläge. Ich habe einen im Gartenfach berühmten Freund, dessen Meinung viel gilt und der stets bei kranken und absterbenden Pflanzen um Rat gefragt wird. Nach seiner Philosophie sollen ›Todesfälle‹ im Garten nicht so wichtig genommen werden. Wenn Ihnen keine Pflanzen zugrunde gehen, sagt er, sind Sie zu zaghaft im Experimentieren. Furcht zu haben, etwas auszuprobieren, ist viel schlimmer, als etwas zu versuchen und zu scheitern. *Stagnation* ist der große Feind der Gärten – nicht das Eingehen von Pflanzen. Große Gartenfreunde werden gemacht, nicht geboren, und die Kraft ihrer konsequenten Arbeit gewinnen sie aus Fehlschlägen nicht weniger als aus den Erfolgen.

Schöne Gärten sind in den unwirtlichsten Gegenden geschaffen worden. Blumen werden von Gartenfreunden von einem Stadtteil zum anderen oder über den Ozean in ein neues Zuhause getragen, wo sie sich anpassen müssen oder zugrunde gehen. Französische Hugenotten, die wegen religiöser Verfolgung nach England fliehen mußten, haben ihre geliebten Primeln, Rosen und Nelken mitgebracht. Kolonisten haben die Neue Welt mit Samen, Kräutertrieben und ihren Lieblingspflanzen betreten. Lilien, Iris und farnlaubige Päonien mußten mit den Siedlern die Great Plains der Vereinigten Staaten durchqueren und sich den harten Bedingungen anpassen, die sie dort vorfanden. Sie haben überlebt. Die ›Pflanzenpioniere‹ vermischten sich mit der einheimischen Flora und ließen auf diese Weise neue Gartenstile entste-

hen. Im Laufe der Jahrhunderte haben sich die Gartenfreunde bemüht, Altes und Neues zu verbinden.

Es gibt kaum einen Platz, wo das Gärtnern einfach wäre, und die Gärten, die wir anlegen, sind immer in Gefahr, von der Natur zurückgefordert zu werden.

Zähigkeit und Beharrlichkeit charakterisierten den Gärtner zu allen Zeiten.

Blick durch die geöffnete Tür auf traditionelle Blumen des Cottage-Gartens wie Mohn und Geißblatt. GEGENÜBER: Eine Palette farbenprächtiger Hybriden des *Lupinus polyphyllus.* Die Vision George Russells wurde Wirklichkeit.

Wild wachsende Blumen sind gezähmt und kultivierte verbessert worden. Forschungsreisende haben ihr Leben aufs Spiel gesetzt, um exotische Spezies nach Hause zu bringen. Pflanzenzüchter haben für die Verwirklichung ihrer Träume die Zeit eines ganzen Lebens hingegeben. Einer von ihnen, George Russell, der in der Nähe von Wolverhampton lebte, träumte davon, die gewöhnliche blaue Lupine zu verbessern. Im Laufe von mehr als zwanzig Jahren kreuzte er Sämlinge, lehnte den vorzeitigen Verkauf an Gärtnereien ab, auch wenn ihm exorbitante Summen geboten wurden: Er hatte sein Ziel noch nicht erreicht. Als ihn schließlich das Ergebnis befriedigte, war die Welt verblüfft – die Lupine war völlig verwandelt. Ihre Farben, jetzt leuchtend und vielfältig wie die eines Malkastens, sind der Lohn für ein hingebungsvolles Gärtnerleben.

Die Unterhaltung eines Gartens wird immer problematischer, je mehr wir unsere bewährten Blumen vermissen. Die Pflanzen der Vergangenheit, die allen Widerständen zum Trotz in zahllosen Gärten überlebt haben, drohen infolge ihrer Vernachlässigung zu verschwinden. Einige Spezies gibt es in der freien Natur nicht mehr, und zahllose von Menschenhand gezüchtete Hybriden sind im Laufe der letzten Jahrhunderte ausgestorben. Es ist schon heute unmöglich, irgendeinen der von Miss Jekyll entworfenen Gärten genau nach ihren Plänen neu zu schaffen, da viele ihrer Lieblingspflanzen verschwunden sind. Auch auf gärtnerischem Gebiet macht sich der Fortschritt bemerkbar. Ein großer Teil der Welt ist inzwischen erforscht, und obgleich es immer noch Spezies zu entdecken gibt, die Einzug in unsere Gärten halten werden, sind die goldenen Tage der Pflanzensammler vergangen. Wir werden niemals wieder die Verhältnisse des achtzehnten und neunzehnten Jahrhunderts erleben, als eine Flut von Pflanzen aus der ganzen Welt englischen und amerikanischen Gärten eine exotische Flora bescherte. Die neue Grenze ist die Vergangenheit.

KAPITEL I

BLUMENGESCHICHTE UND PFLANZENBÜCHER

Pflanzen sind seit den Anfängen menschlicher Zivilisation kultiviert worden. Natürlich haben nährende Nutzpflanzen immer die größte Rolle gespielt. Wann zum ersten Mal eine Blume zur reinen Freude, einfach ihrer Schönheit wegen, gezogen wurde, wissen wir nicht. In nahezu jeder Kultur, die sich über die Ebene der bloßen Existenzsicherung hinausentwickelt, dringen Blumen in Kunst und Kunsthandwerk ein, angefangen bei Töpfer- und Textilerzeugnissen bis hin zu Architektur und Wandmalerei. Die Babylonier waren berühmt für ihre Gartenkünste. Ägyptische Säulen zeigen Lotosblüten, und es ist möglicherweise die ägyptische Königin Hatschepsut gewesen, die die lange Tradition der Pflanzensuche im Expeditionsstil begründet hat. Um das Jahr 1600 v.Chr. schickte sie nach Afrika aus, um Pflanzen für die Dekoration eines neuen Tempels zu suchen. Ihr größter Fund war ein Baum mit einem aromatischen Harz, dem Weihrauch.

Die Kenntnisse der Griechen des Goldenen Zeitalters über den Gartenbau haben uns zum einen die Werke des Theophrast, der die von Aristoteles gegründete berühmte Philosophenschule leitete, aufbewahrt, zum anderen die Schrift *De Materia Medica* des Arztes Dioskurides, die bis weit in das siebzehnte Jahrhundert die wichtigste botanische Quelle gewesen ist. Vieles von dem, was wir über den frühen Gartenbau wissen, stammt aus den Schriften Plinius' des Älteren. In seiner *Naturgeschichte* hat der ehrgeizige römische Adlige gesammelt und zusammengefaßt, was er in den Schriften von über hundert älteren Autoren über Themen wie Pflanzen, Tiere, Mineralien und dergleichen fand. Sein Werk gibt uns den besten Einblick in den Wissensstand des klassischen Zeitalters, denn die meisten seiner Quellen sind verloren.

Die nächsten wichtigen Schriften zum Thema Gartenbau und Pflanzenkunde waren die Kräuterbücher des Mittelalters. Diese verschwommen auf den klassischen Texten basierenden und viele abergläubische Vorstellungen aufnehmenden Bücher trugen alle vorhandenen Kenntnisse über nützliche Pflanzen zusammen. Heilen (und Gelehrsamkeit) war vor allem das Gebiet der Mönche, die viel von der Kräuterkenntnis der Zeit in ihren Handschriften festhielten. Gott hat nach ihrer Überzeugung für jede Krankheit Heilpflanzen vorgesehen, deren besondere heilende Kraft durch den Menschen herauszufinden sei. Anhaltspunkte wären durch Gott an die Hand gegeben. Das Erscheinungsbild einer Pflanze, insbesondere ihre Ähnlichkeit mit diesem oder jenem Körperteil, sollte auf die Möglichkeit ihrer Verwendung hindeuten. Allmählich entstand die Allgemeinvorstellung der Signaturen – äußere Zeichen der inneren Kraft eines Krautes. Die Lehre von den Signaturen mag heute weit hergeholt erscheinen, im Mittelalter fand sie großen Anklang. Einige dieser Vorstellungen haben eine gewisse Logik. Das Aussehen der Walnuß zum Beispiel mit ihrem harten ›Schädel‹ und gehirnartigen Inneren wies scheinbar überzeugend darauf hin, daß sie als Heilmittel für Kopfverletzungen und Geisteskrankheiten verwendet werden konnte. Die Hundszunge, *Cynoglossum officinale*, – den Namen trägt sie wegen ihrer rauhen Blätter – sollte sich

als Heilmittel gegen die Tollwut eignen. Pflanzen mit gelbem Saft – zum Beispiel Großes Schellkraut, *Chelidonium majus*, oder Hornmohn, *Glaucium flavum*, schienen zur Behandlung von Gelbsucht ge-

Der gelbe Saft des Hornmohns *(Glaucium flavum* 'Corniculatum') wurde als wirksames Heilmittel gegen Gelbsucht verwendet, solange man gemäß der ›Signaturenlehre‹ an einen solchen Zusammenhang glauben konnte.

eignet. Die zurückgebogenen Blütenstiele des Vergißmeinnicht deuteten darauf hin, daß mit ihnen Skorpionstiche behandelt werden könnten. Die durchlöcherten Blätter von Johanniskraut schienen dazu ausersehen, Hautwunden zu heilen. Viele Pflanzen wurden allerdings auch vielseitig verwandt. Knoblauch zum Beispiel sollte über fünfzig Krankheiten heilen.

In den Jahren, als Heinrich VIII. mit dem Papst im Streit lag wegen seiner Heirat mit Anne Boleyn, begann ein neues Zeitalter des Gartenbaus. Mit der Auflösung der Klöster um 1530 gingen innerhalb einer Generation die in tausend Jahren gesammelten Erfahrungen über den Gartenbau verloren. Eine neue gärtnerische Praxis mußte aus reiner Notwendigkeit entwickelt werden. Die einfachen Leute waren gezwungen zu lernen, was vorher die Mönche für sie getan hatten. Der Cottage-Garten nahm seinen bescheidenen Anfang, als die Dorfbewohner begannen, selbst Beinwell, Wermut, Salbei, Borretsch und Andorn anzubauen. Die Gärten der aufgelösten Klöster lieferten die Madonnenlilien, *Lilium candidum*, die als Heilpflanze Verwendung fand, aber auch wegen ihrer Schönheit und ihres Duftes bewundert wurde. Küchenkräuter, die zum großen Teil den schlechten oder salzigen Geschmack des Fleisches verdecken sollten, fanden Platz in den neuen Gärten. Auch aromatische Kräuter wie Echtes Labkraut und Lavendel, mit denen man modrigen Geruch aus den Wohnräumen zu vertreiben versuchte, wurden gezogen. Statt der Kleriker hüteten jetzt Laien die Geheimnisse der Heilkunst. Die Gärten blieben großenteils den Nutzpflanzen vorbehalten; das Leben war zu hart und die Zeiten zu unruhig, als daß man es sich hätte erlauben können, Gärten nur zur Lust anzulegen.

John Gerard war Barbier und Chirurg in London und passionierter Pflanzenkenner. *The Herball or Generall Historie of Plants*, 1597 veröffentlicht, ist das berühmteste englische Kräuterbuch. Gerard ist der meistzitierte Pflanzenautor seiner Zeit, obgleich der größte Teil des ihm zugeschriebenen Werkes wohl aus der Feder des kaum bekannten flämischen Botanikers Rembert Dodoens

Beinwell *(Symphytum officinale)* wurde in englischen Klostergärten gezogen. Seinen heilenden Eigenschaften verdankt das Kraut den volkstümlichen Namen ›Knit-bone‹ (etwa: Knochenkitter).

stammt, dessen Manuskript in Gerards Hände gelangte. Die etwa 1800 Holzschnitte, die der Verleger für den Text kaufte, waren die eines sechs Jahre früher gedruckten Kräuterbuchs, dort aus verschiedenen Quellen zusammengetragen. Es gelang Gerard mangels ausreichender Botanikkenntnise nicht, die Illustrationen korrekt zu bezeichnen, weswegen er Matthias L'Obel (später wurde die Gattung *Lobelia* nach ihm benannt) um Hilfe bat. *The Herball* ist ein kenntnisreiches, ausgesprochen lesbares und unterhaltsames Buch, das zur damaligen Zeit ein großes Gewicht besaß.

Es ist aufschlußreich, Gerards Schrift mit dem *New Herball* zu vergleichen, das dreißig Jahre früher von dem Arzt William Turner veröffentlicht worden war. Als Verfechter der Reformation überwarf sich Turner mit der Krone und flüchtete während der Regierung Heinrichs VIII. und Marias ins Ausland. Sein Interesse war ausschließlich medizinischer Art, während das Gerards allen Pflanzen – echten und fiktiven – galt. (Er behauptete zum Beispiel, den Barnacle-Baum gesehen zu haben, aus dessen Früchten der Sage nach Wasservögel ausschlüpfen.)

Dreißig Jahre nach Gerards Kräuterbuch erschien mit John Parkinsons *Paradisi in Sole, Paradisus Terrestris* (der Titel enthielt ein lateinisches Wortspiel auf seinen eigenen Namen: Park-in-sun) das erste englische Buch, das ausschließlich Schmuckpflanzen gewidmet war. Auch als Apotheker, der er war, hatte Parkinson so große Freude an der reinen Schönheit der Pflanzen, daß er von einem »Garten angenehmer Blumen« geschrieben hat. Seine literarische Entdeckungsreise spiegelt die Veränderung des Gartens wider. Frieden und Wohlstand waren eingekehrt, und der englische Blumengarten war geboren.

Zu eben der Zeit, als für Botanik und Medizin die Entwicklung zu modernen Wissenschaften einsetzte, trat eine Gestalt auf, von der man gesagt hat, sie habe so viele verrückte Ideen im Kopf wie an einem schönen Sommermorgen Bienen in der Katzenminze schwärmen: Nicholas Culpeper, ein unorthodoxer Arzt des siebzehnten Jahrhunderts, der der alten Signaturenlehre noch einmal viel Glauben schenkte. Er provozierte die ständische Ärzteschaft schon dadurch, daß er das lateinische Arzneibuch, die *Pharmakopöe*, ins Englische übersetzte und damit auch den einfachen Leuten zugänglich machte. Culpeper verknüpfte Medizin und Astrologie. So war für ihn jede Pflanze und jede Krankheit durch Planeten beeinflußt. Mit seiner Methode, Krankheiten nur mit Kräutern zu behandeln, die dem selben Sternzeichen unterworfen waren, beschwor er den Zorn der Ärzteschaft herauf, zumal er behauptete, daß seine Methode die allein richtige sei und alle seine Theorien mit Hilfe seiner astrologischen Erkenntnisse bewiesen werden könnten. Da er konsequent bemüht war, alles in ein geschlossenes System zu bringen, hatten es die von ihm als »hochmütige, unverschämte und herrschsüchtige Dummköpfe« angeprangerten Mediziner schwer, ihn zu widerlegen. Diese neue Art von Wissenschaftlern stellte sämtliche Prämissen der Signaturenlehre in Frage. Sie nahmen Anstoß daran, daß einige nützliche Pflanzen keine sichtbare Signatur aufwiesen und, was noch schlimmer war, viele ›Heilmittel‹ nur wenig Wirkung zeigten. Einer der ersten echten englischen Botaniker, John Ray, genau elf Jahre nach Culpeper geboren, schrieb gegen Ende des siebzehnten Jahrhunderts: »Alles, was ich bei den Autoren erwähnt und gesammelt finde, scheint mir eher von Menschen erfunden als im Plan der Natur zu liegen.« Ray war der Verfasser eines bahnbrechenden Werkes über

Botanik, *Methodus Plantarum Nova* (1682). Culpeper starb schon mit achtunddreißig Jahren an der Schwindsucht, aber sein Kräuterbuch wurde immer wieder neu herausgegeben.

Die Signaturenlehre (zu unterscheiden von der Volksmedizin, die viele Pflanzen heranzog, deren tatsächliche Wirksamkeit man später entdeckte) hat sich in keinem Punkt durchsetzen können, von einer eher beiläufigen Ausnahme abgesehen. In der Annahme, daß die in Sumpfgebieten wachsenden Weiden eben dort besonders gut gedeihen, wo auch die Menschen am meisten von Rheumatismus geplagt werden, begann ein Arzt damit, seine Patienten mit einem Absud aus Weidenrinde zu behandeln. Er entdeckte dabei die Salicylsäure, die einige Jahrhunderte später synthetisiert und als Aspirin verkauft wurde.

Amerikanische Autoren schilderten die Wege der Pflanzen in die neue Welt und die vielen neuen und wundersamen Spezies, die in unberührten Küstengebieten entdeckt wurden. John Bartram wurde von Linné »der größte Botaniker der Welt« genannt. Zu Pferd, per Schiff und zu Fuß reiste er von Kanada bis Florida und bis tief hinein in das Tal des Ohio. Sein Garten in der Nähe von Philadelphia war der erste Botanische Garten des Landes. Seine ausgreifenden Abhandlungen und Tagebücher liefern uns eine Menge interessanter Informationen über den Zustand des Gartenbaus und über vieles mehr in der Mitte des achtzehnten Jahrhunderts. John Clayton war ein englischer Naturforscher, der nach Virginia kam und einundfünfzig Jahre lang in Gloucester County als Geistlicher wirkte. In dieser Zeit legte er den schönsten Garten des ganzen Landes an und wurde ein enger Freund Bartrams. Seine *Flora Virginica* wurde 1762 veröffentlicht. Die einheimische *Claytonia virginica* trägt seinen Namen.

George Washington widmete sich persönlich landwirtschaftlichen Aufgaben und der Verschönerung des Mount Vernon. In seinen Tagebüchern hat er alle von ihm verwendeten Pflanzen genau aufgeführt. Noch genauer sind die Aufzeichnungen von Thomas Jefferson, der auch auf unserem Gebiet Hervorragendes geleistet hat. *Notes on the State of Virginia* und sein *Garden Book* liefern uns ein genaues Bild von den Blumen der Kolonialzeit. *The Flower Garden* von Joseph Breck ist eine Chronik des amerikanischen Gartenbaus im neunzehnten Jahrhundert. Peter Hendersons Schriften, gut vierzig Jahre später veröffentlicht, dokumentieren die enormen Anstrengungen der Gartenfreunde und den Reichtum an Pflanzen, die damals bekannt waren und in den letzten Jahren der viktorianischen Ära gezogen wurden.

Mit »Linnaeus« machte die Botanik als Wissenschaft riesige Fortschritte. Er wurde als Carl von Linné im Jahre 1707 in Schweden geboren und war der Sohn eines Pfarrers. Als Naturforscher international früh anerkannt, nahm er die latinisierte Form seines Namens, »Linnaeus«, an, wie es damals Mode war. Mit seinem Werk *Species Plantarum* (1753 veröffentlicht) hat er der Botanik ein Klassifikationssystem und eine Sprache verliehen. Die vor ihm gebrauchte Terminologie war dunkel. Indem Linné verwandte Pflanzen einer Gattung zuordnete und den einzelnen Pflanzen dieser Gattung genaue Namen gab, die sogenannten spezifischen Epitheta, vereinfachte er ein schauderhaftes Labyrinth der Nomenklatur. Linné war gerade dreißig Jahre alt, als er sein System fertiggestellt hatte; er beseitigte auch die Überreste der abergläubischen ›Wissenschaft‹ des Mittelalters, die er als »ein bloßes Chaos der Verwirrung ansah, dessen Mutter die Rohheit, dessen Vater der Dogmatismus und dessen Amme das Vorurteil« sei.

Ich kenne einige Gärtner, die die lateinischen Namen nicht ausstehen können.

Bartfaden *(Penstemon barbatus)* wurde schon frühzeitig aus den Westgebieten der Vereinigten Staaten nach England gebracht.

Aber die gängigen Namen variieren von einer Gegend zur anderen, von einem Land zum anderen, von einem Jahrhundert zum nächsten. Sie gehören mehr der Poesie als der Wissenschaft an. Wenn Präzision wichtig ist, sind die Botaniker Sieger im Streit. Die lateinischen Namen sind, von ein paar Zungenbrechern abgesehen, allgemein verständlich. Sie mögen einschüchternd wirken, können aber auch unterhaltsam sein und eine eigene Art von Befriedigung verschaffen. Ich habe zum Beispiel immer wieder Freude daran, den rhythmischen Namen *Chrysanthemum leucanthemum* vor mich hinzusagen. Seine Änderung wäre für mich ein echtes Ärgernis, jedoch, solange sich die Botanik weiterentwickelt, werden die Pflanzen immer neu klassifiziert und zum Verdruß der Gartenfreunde umbenannt. An diesem Punkt trennen sich die Wege von Botanikern und Gärtnern. Die Klassifikation der Pflanzen erfolgt aufgrund der Beschaffenheit der Geschlechtsorgane. Die Botaniker halten es manchmal für notwendig, Pflanzen einer anderen Gattung zuzuordnen oder eine ganz neue Gattung zu schaffen. Was noch schlimmer ist, beim Studium alter Schriften stoßen sie gelegentlich darauf, daß eine Spezies schon früher entdeckt und benannt wurde, als man angenommen hatte. Als höfliche Leute geben sie dem zuerst genannten Namen den Vorzug, was bedeutet, daß sich die Gartenfreunde niemals in Sicherheit wiegen können.

In diesem Buch dient im allgemeinen *Hortus Third* als Gundlage der wissenschaftlichen Nomenklatur der Pflanzen. In ein paar wenigen Fällen, in denen die Meinungen weit auseinandergehen, sollte man sich möglichst an die von den Gärtnern am häufigsten verwendeten Klassifizierungen halten.

Ich liebe einige der alten Pflanzennamen. Ich bedaure es, daß wir *Funkia* gegen *Hosta* und *Tritoma* gegen *Kniphofia* eingetauscht haben. Die Blaudolde wird für mich immer *Didiscus* bleiben, mit

Der Kalifornische Mohn *(Eschscholzia californica)*, eine Wildblume des amerikanischen Westens, wird in Spanien ›Copa de Ora‹ (Goldschale) genannt.

Trachymene werde ich mich niemals anfreunden. Andererseits bin ich erleichtert, daß wir jetzt *Bergenia* statt *Megasea* sagen. Und zum Glück hat sich der Name *Czacksia* für die Graslilie nicht gehalten, die zuerst *Anthericum* hieß und gegenwärtig *Paradisia* genannt wird. Irgendwie ist das erste *t* bei *Pentstemon* auf der Strecke geblieben und *Eschscholzia* bekommt gelegentlich ein *t* nach dem *l*. Die meisten Gartenfreunde halten sich aber vernünftigerweise an nicht lateinische Bezeichnungen (wie ›Kalifornischer Mohn‹ im Deutschen) und gehen auf diese Weise allen Schwierigkeiten aus dem Wege.

Wie einfach die Namengebung für die Cottage-Gärtner war, die sich wenig um die wissenschaftliche Nomenklatur kümmerten! Sie schienen eine besondere

Gabe für das Erfinden hoch poetischer Namen zu besitzen. Jedes Dorf, das etwas auf sich hielt, scheint sich in dieser Erfindungskunst geübt zu haben, und einige Bezeichnungen sind in ihrer volkssprachlichen Eigentümlichkeit bezaubernd um den Preis, daß sie die Herkunft des Wortes vollkommen verdunkeln. Es läßt sich vermuten, daß die Ursprünge einer Pflanze desto weiter in das Altertum zurückreichen, je folkloristischer ihr Name ist.

Das Stiefmütterchen besitzt mehr Namen als die meisten Pflanzen. Shakespeare nannte es Love-in-Idleness, aber er war nicht der einzige Engländer, der Sprachwitz besaß. Was halten Sie (falls Ihnen das Englische nicht gänzlich unvertraut ist) von Three-faces-under-a-hood, Herb Trinity, Jump-up-and-kiss-me, Lover's-thoughts, Heartsease, Kiss-me-at-the-garden-gate, Eyebright und Cull-me-to-you? Die meisten dieser Namen deuten auf Liebesromanzen. Der allgemein gebräuchliche englische Name (›pansy‹) leitet sich von dem französischen Wort ›pensée‹ ab, was nichts anderes als ›Gedanken‹ bedeutet. Shakespeare hatte Namen und Begriff im Sinn und konnte ganz pointiert formulieren: »These is pansies, that's for thoughts.«

Oder nehmen wir als Beispiel *Dianthus* (Nelke). Der Name bedeutet ›Blume des Zeus‹ und geht damit auf die alten Athener zurück. Die englischen Gärtner nennen heute im allgemeinen die größeren Exemplare ›Carnations‹. Dieser Name wurde zum erstenmal im Jahre 1538 von Turner in der Form *Incarnacyon* verwendet. Von anderen wurde sie ›Coronations‹ genannt, möglicherweise wegen ihrer an Kronen erinnernden gezahnten

OBEN: Die ›Gesichter‹ der Stiefmütterchen haben immer eine besondere Faszination auf Gartenfreunde ausgeübt. Das winzige Hornveilchen *(Viola cornuta* 'Jackanapes') ist ein alter Gartenliebling.
UNTEN: Die kapriziösen Gartenstiefmütterchen *(Viola x wittrockiana)* stammen vom winzigen wilden Stiefmütterchen Englands *(Viola tricolor)* ab. Die Floristen des achtzehnten Jahrhunderts haben es durch sorgfältige Züchtung und Auslese verbessert.

Blütenblätter, oder weil die Blüten von den Griechen zu Kränzen geflochten wurden. Die kleineren Nelken nennen die Engländer ›pinks‹. Dieser Name leitet sich aber nicht von ihrer Blütenfarbe ab, wie man annehmen könnte, sondern von dem holländischen Wort *pink-oog*, was ›blitzendes Auge‹ bedeutet. Die Farbbezeichnung beruht auf dem Blumennamen, nicht umgekehrt.

Scharf beobachtende Gärtner haben im Laufe der Jahrhunderte immer wieder einzelne Pflanzen mit besonderen Eigenschaften selektiert. Lange bevor das Kreuzungsverfahren bekannt war, versuchte man, zufällige Mutationen, die eine leuchtende Farbe, einen besseren Duft oder eine andere Form besaßen, zu erhalten und weiter zu ziehen. Früh entstand auch der Wunsch, ›Mutationen‹ künstlich hervorzurufen. Plinius der Ältere riet zum Beispiel, man solle eine Blumenzwiebel in Rotwein tauchen, um auf diese Weise eine weiße Lilie in eine purpurfarbene zu verwandeln (was nicht funktioniert). Die Entdeckung von Vererbungsvorgängen stand noch fast zweitausend Jahre aus. Sogar ihr berühmtester Verfechter, Gregor Mendel, ein österreichischer Mönch, der seine Untersuchungen an seinen selbst gezogenen Erbsen vornahm, starb 1884 in Vergessenheit und ohne daß sein Werk Anerkennung gefunden hätte. In der Zwischenzeit ist im Garten weiter selektiert worden, wie es der Zufall erlaubte. Man hatte verstanden, daß die Nachkommen aus dem Samen der besten Blumen genau so gut oder sogar noch besser ausfielen. Wann die erste Hybride aus einer genau überlegten Kreuzung entstanden ist, kann niemand sagen, aber Selektionen wurden seit prähistorischer Zeit vorgenommen.

Die Engländer machten sich um 1750 ernsthaft daran, das Aussehen ihrer Blumen zu verändern. Es begann die Zeit der Floristen – nicht jener, die wir heute aus Blumengeschäften kennen, die Sträuße zum Valentinstag binden, sondern der Amateurzüchter, die speziell für Blumenschauen Blumen züchten. Wie es bei begeisterten Anhängern eines Hobbys immer der Fall ist, wurden bald strenge Richtlinien und Bewertungsmaßstäbe festgelegt. ›Blumenideale‹ konnten aber kaum anders als willkürlich und den Launen der Mode unterworfen sein. Die Floristen waren so dogmatisch wie heute die Züchter von Taglilien, Iris, Doggen oder Reitpferden.

Zu den Blumen, denen man die meiste Aufmerksamkeit schenkte, gehörten Nelken, Levkojen, Stiefmütterchen, Tulpen, Anemonen und Hyazinthen. Die erste belegte Floristen-Ausstellung, goldgerandete Polyanthus-Primeln wurden gezeigt, hat 1769 stattgefunden. Sie kündigte die große Tradition der Blumenschauen an, wie sie noch heute in den Städten und bei großen Märkten auf dem Land stattfinden. Viele der besten Floristen waren Weber, Stadtbewohner mit winzigen Gärten, in denen sie ihre Schaupflanzen umsorgten. Die bunt geränderten Nelken der Seidenweber von Paisley waren berühmt. Die Tradition dieser Floristen, die im Beruf Heimarbeiter waren, blieb bis zur Mitte des neunzehnten Jahrhunderts lebendig.

Die Geschichte der Aurikeln ist für die Floristenepoche besonders charakteristisch. Durch sorgfältige Züchtung entwickelte die Stammart *Primula auricula*, von bescheidener Herkunft aus den Schweizer Alpen, ungewöhnliche Farben wie Olivgrün, dunkles Purpur und Farbschattierungen in Schildpatt, die alle durch einen für sie charakteristischen mehligen ›Staub‹ gedämpft wurden. Die für die Blumenschauen gezüchteten Varietäten, gegen Ende des siebzehnten Jahrhunderts als »bezaubernde geschminkte Damen, die alle gepudert sind«, beschrieben, konnten leicht durch Regen beschädigt werden. Die Floristen machten alle Anstrengungen sie zu schützen, indem sie sie schließlich in Töpfen zogen. Für ihre Züchtung bedienten sie sich dabei immer seltsamerer Mittel.

Mit dem Wachstum der Städte und der Abwanderung der Weber in die Fabriken gingen viele alte Varietäten verloren. Merkwürdigerweise hatte die bessere Gesellschaft niemals großes Interesse an den Schaupflanzen, vor allem nicht an den Aurikeln. Die Züchtungsarbeit war selbst dem Adel zu teuer, und die gedeckten Farben kamen in ihren großen Gärten nicht richtig zur Geltung. Viele der Blumen konnten ohne besondere Pflege nicht überleben, jedoch sind einige in alten Gärten wiederentdeckt worden.

Als die Aurikeln allmählich verschwanden, wurden neue Spezies eingeführt, die das Interesse der Pflanzenfreunde entfachen konnten. Die asiatischen Primeln waren leuchtender und ließen sich leichter ziehen als die europäischen alpinen Arten. Die lavendelfarbene indische Kugelprimel, *Primula denticulata*, wurde 1842 von den Direktoren der Ostindischen Kompanie eingeführt. Die blaßgelbe *P. sikkimensis* gelangte im

Jahre 1850 aus dem Himalaya zu uns. Es folgten ihr elegante Etagenprimeln wie *P. japonica*, *P. pulverulenta*, *P. helodoxa*, *P. bulleyana* und *P. beesiana*. Alle diese Arten besitzen quirlige Blütenstände. Die Engländer, seit jeher eine Nation von Primelliebhabern, nahmen die neuen Einwanderer mit Freuden auf und noch heute stehen sie in vielen Gärten am Wasser.

Zu den hohen Blütenstielen der *Primula pulverulenta* 'Bartley strain' gesellt sich eine Gruppe von Astilben *(Astilbe x arendsii)*. UMSEITIG LINKS: *Primula helodoxa* am Rande eines Wassers. RECHTS: Die Primeln *P. bulleyana* und *P. beesiana* unter Sträuchern.

KAPITEL II

GARTENSTILE IM ZEITENWANDEL

»Von den vielen Narrheiten der Gartenwelt fällt keine so sehr ins Auge wie der Eifer, mit dem alte Favoriten um neuer willen aufgegeben werden. Unter allen unbeständigen Liebhabern sind die Gärtner die unbeständigsten. In ihren Augen ist Alter ein Verbrechen, und traditionelle Blumen werden unbarmherzig dem Armenhaus überantwortet. Schauen wir in einen alten Gartenkatalog, können wir uns nur wundern, wie die Blumengärten unserer Väter ausgestattet waren; wir finden darin fast nur Pflanzen, die wir gerade noch dem Namen nach kennen.« (*The Gardener's Chronicle,* um 1850)

Schon im siebzehnten Jahrhundert hat John Parkinson von den verschwundenen Blumen seiner Jugend gesprochen. Seit dieser Zeit gab es immer wieder Aufrufe, die Blumen der Vergangenheit nicht zu vergessen. Trotzdem haben sich Gärtner der Pflanzen entledigt, derer sie überdrüssig waren. Einige überlebten wohl an abgelegenen Orten. Andere gelangten auf Wogen der Begeisterung in die Gärten, nur um von der nächsten Welle wieder fortgetragen zu werden. Ein Überblick über englische und amerikanische Gartenstile veranschaulicht die ereignisreiche Entwicklung in der Anlage von Ziergärten.

DAS MITTELALTER

Die Gärten des späten Mittelalters waren einfache Anlagen nach dem Vorbild der Klostergärten. Zur Einfriedung dienten rustikales Lattenwerk und Lauben, und der Garten war in der Regel durch Wege in vier quadratische Abschnitte unterteilt. Häufig faßten aus Holz geflochtene Zäune die Segmente ein. Blumenwiesen, wie sie auf alten Wandteppichen abgebildet sind, waren häufig anzutreffen. Rasenbänke boten Sitzgelegenheiten, um die meist aromatischen Pflanzen dieser Zeit, die viele Kräuter, Rosen, Obstbüsche und Bäume einschlossen, genießen zu können. Ein Zitat aus Chaucers Übersetzung des *Roman de la rose* mag den Garten der damaligen Zeit veranschaulichen; die Wichtigkeit wohlriechender Blumen wird deutlich:

»Full gay was all the ground, and quaint,
And powdered, as men had it paint,
With many a fresh and sundry flower
That casten up full good savour.«

(»Voller Farbe war die Erde, wundersam,
Überstreut, als hätte ein Maler sie gemalt,
Mit mannigfaltigen frischen Blumen,
Die einen vollen Duft verströmten.«)

Pflanzen aus dem Mittelmeergebiet – zum Beispiel Heiligenblumen *(Santolina chamaecyparissus)* – haben jahrhundertelang eine wichtige Rolle in den Gärten gespielt. MITTE: In einem abgeschlossenen Hof werden Beete mit Obstbäumen, Kräutern und Stauden von geflochtenen Zäunen eingefaßt. GANZ LINKS: Gärtner früherer Zeiten liebten besonders Rosen und Mutterkraut *(Chrysanthemum parthenium)*.

DAS 16. JAHRHUNDERT

Im sechzehnten Jahrhundert besaß der Garten eine praktische und eine dekorative Funktion. Kräuter waren notwendig, aber auch Schönheit spielte eine Rolle. Der Knotengarten eroberte England im Sturm. Niedrige Hecken wurden in verflochtenen Mustern angepflanzt und die Zwischenräume mit leuchtenden Blumen ausgefüllt. Neue Blumen wurden vom europäischen Festland importiert, einschließlich der Raritäten, die während Wolsey. Das Muster gewann gegenüber den sie ausfüllenden Blumen in vielen Gärten das Übergewicht. In der Tat wurden Blumen oft durch farbige Steine, Kies und Kohlenstaub ersetzt.

Diese Technik wurde häufig angewendet, wenn Wappen nachgebildet werden sollten. Stauden wie Lavendel, Buchs und Heiligenkraut zeichneten das Muster, das mit Ziegelscherben, farbigem Kalk oder Kohlenstaub ausgefüllt wurde.

Zu den Stauden, die im Laufe des sechzehnten Jahrhunderts in englischen Gärten Einzug gehalten haben, gehört die Ochsenzunge *(Anchusa azurea)*. Auch Taglilien *(Hemerocallis)* – hier ist die Sorte 'Golden Chimes' abgebildet – wurden damals eingeführt. RECHTS: Zur gleichen Zeit gewann auch der Knotengarten, wie dieser in Barnsley House, viele Anhänger.

der spanischen Eroberungen in Südamerika entdeckt worden waren, sowie andere aus dem Nahen Osten. Zu den neu eingeführten Blumen gehörten Narzissen, Hyazinthen, Sonnenblumen, Malven, Kapuzinerkresse und Ochsenzungen.

Die Muster der Knotengärten wurden im Laufe der folgenden zweihundert Jahre immer komplizierter. Bekannt war der kunstvolle Garten des Kardinals Man mußte diese Ornamente von oben betrachten, um sie voll würdigen zu können, und Knotengärten wurden deshalb für den Blick aus den oberen Stockwerken des Hauses angelegt.

In dieser Zeit waren die nordamerikanischen Kolonialgärten ganz bescheiden. Erst hundert Jahre später, als in sicherer Zeit Wohlstand einkehrte, entstanden allmählich auch in Amerika reine Ziergärten.

BAROCKZEIT UND AUSGEHENDES 18. JAHRHUNDERT

Nach der ›Restauration‹ im Jahre 1660 gerieten die englischen Gärtner unter den Einfluß André Le Nôtres, des Gartenarchitekten Ludwigs XIV. Karl II. ließ die Gärten von Windsor Castle und Hampton Court nach dem Vorbild von Versailles umgestalten. Der Pflanzbereich innerhalb des Knotengartens und rings um ihn wurde ausgedehnt und es entstand das ›Parterre‹, ein Ziergarten mit Wegen zwischen den Beeten. Ursprünglich ist das Parterre eine italienische Erfindung. Das Wort wurde in Frankreich zum ersten Mal 1549 gebraucht. Das Parterre konnte nun sehr viel mehr Blumen aufnehmen, die bald auch aus dem Ausland eingeführt wurden. In großen Gärten waren eine ganze Reihe von Parterres anzutreffen, die durch Hecken unterteilt oder in kunstvolle Labyrinthe eingeschlossen wurden. Die Pflanzbereiche waren mit Stauden gefüllt – einjährige Sommerblumen, wie wir sie kennen, existierten damals nicht. Das Erscheinungsbild des Gartens veränderte sich im Laufe der Saison, wenn Tulpen, Primeln, Iris und Lilien hintereinander ihre Blüten entfalteten. Nur die Reichen konnten sich Wasserspiele, beschnittene Bäume und Heckenkorridore als zusätzlichen Schmuck der neuen Parterres leisten.

Zu Beginn des achtzehnten Jahrhunderts scheinen die Engländer eine Aversion gegen das Nebeneinander zweier gleicher Pflanzen gehabt zu haben; die streng angelegten Beete wurden deshalb gemischt bepflanzt, wie es auch später die Viktorianer schätzten. Sie liebten reichlich Platz zwischen den Pflanzen, so daß viel Boden sichtbar blieb.

Auch in Nordamerika, diesem Land einer noch ausgedehnten Wildnis, hatte man damit begonnen, die strengen Knotengärten und Parterres zu imitieren. Die Auswahl erhältlicher europäischer Pflanzen war begrenzt und wurde durch die reiche einheimische Flora ergänzt.

Viele der Blumen aus der neuen Welt wurden von John Tradescant, Vater, und John Tradescant, Sohn, in England eingeführt. Als Gärtner und ›Aufseher der Gärten, Weinberge und Seidenraupen Seiner Majestät‹ im Palast Karls I. in Oatlands hatte John der Ältere Zugang zu den neuen Pflanzen, die aus dem Ausland kamen. Er richtete ein Museum mit einem Raritätengarten ein, der als Tradescant's Ark bekannt wurde. Wenn neue Pflanzen mit dem Schiff ankamen, teilte er sie mit seinem Freund John Parkinson, der ihm dabei behilflich war, sie bekannt zu machen. Der jüngere Tradescant besuchte Virginia zum ersten Mal 1637 und brachte von dort viele neue Pflanzen mit. Wir verdanken den beiden Entdeckungen wie Goldrute, *Solidago canadensis*, Akelei, *Aquilegia canadensis* und *Lobelia cardinalis;* auch die Schaumblüte, *Tiarella cordifolia*, wurde eingeführt. Die purpurfarbene *Tradescantia virginiana* ist nach den beiden Tradescants benannt.

Als sich im frühen achtzehnten Jahrhundert das Interesse am Landschaftsgarten auszubreiten begann, verschwanden die neuen, für elegante Parterres einst mitgebrachten Pflanzen genauso schnell aus den Gärten des Adels, wie sie gekommen waren. Zum Glück wurden viele von ihnen in den Cottage-Gärten weiter gezogen. Die Kritiker attakkierten die herkömmlichen, streng angelegten Gärten auf das heftigste. So gab Joseph Addison im *Spectator* von 1712 dem damals herrschenden Gefühl Ausdruck, wenn er die englischen Gärtner tadelte, »... die Natur so stark wie möglich zu verzerren, anstatt sie sich frei entfalten zu lassen. Unsere Bäume ragen in Kegeln, Kugeln oder Pyr miden in den Himmel. Wir sehen die Spuren der Baumscheren an jeder Pflanze und jedem Busch. Ich weiß nicht, ob ich mit meiner Meinung alleine dastehe, aber ich für meinen Teil würde lieber auf einen Baum schauen, der sein üppiges, verzweigtes Astwerk frei entfalten darf, als auf eine zurechtgestutzte mathematische Figur, und ich finde, ein blühender Obstgarten sieht köstlicher aus als die Labyrinthe eines noch so kunstvollen Parterres.«

Das Parterre bestand aus geometrischen Beeten, die mit großer Präzision nach der Restauration in England angelegt wurden. Beispielgebend war Frankreich. Getrennte Rosenbeete spiegeln hier den Einfluß des Parterres wider.

Addison stand mit seiner Meinung *nicht* allein. Lancelot ›Capability‹ Brown betrat die Szene, die er tiefgreifend veränderte. Die geometrisch angelegten Gärten verwandelte er in »ganz natürliche« Parks, die er hier und dort mit Tempelimitationen und künstlichen Seen schmückte. Die Blumen wurden hinter die Mauern der Küchengärten verbannt, während der kultivierte Gärtner bemüht war, die unverzichtbaren Strauch- und Baumgruppen in seiner Parklandschaft zu verteilen und eine ländliche Idylle schuf, in der Rehe und Vieh malerisch grasten. Diese Entwicklung war für die Blumen verheerend, aber sie lehrte die Gartengestalter, sich den natürlichen Gegebenheiten der Landschaft anzupassen, oder wie es Alexander Pope ausgedrückt hat, »den Genius des Ortes zu Rate zu ziehen«. Der Garten des strengen Stils überlebte in entlegenen Gegenden, aber die Aufgabe, Blumen zu ziehen, blieb im wesentlichen den Cottage-Gärtnern überlassen, deren Gärten die letzte Zufluchtstätte vieler jener Pflanzen wurden, die aus den großen Gartenanlagen verbannt worden waren.

Der Landschaftsgarten hat in Amerika niemals so großen Anklang gefunden wie in England, obgleich man in größeren Anlagen wie denen von George Washington und Thomas Jefferson den Gegebenheiten der Topographie folgte und das Terrain auf zwanglose Weise mit Bäumen und Sträuchern bepflanzte. Um das Jahr 1783, als ›Capability‹ Brown starb, regte sich Widerstand gegen seine Landschaftsgärten. Es wurde »der schlechte und irrige Geschmack« kritisiert, »ein großes Haus auf eine nackte Grasfläche zu stellen, ohne daß irgendeine Trennungslinie zwischen dem Gelände für das Vieh und dem zum Haus gehörigen Gelände sichtbar ist«, Worte von Humphrey Repton, dem exklusivsten Gartengestalter Englands nach ›Capability‹ Brown, der den Blumengarten wieder aufgewertet hat. Er war natürlich niemals völlig verschwunden, und Blumen hat es in den Gärten der kleineren Herrenhäuser und Pfarrhäuser immer gegeben, wo guter Geschmack oder Geldmangel das Unterpflügen der Gärten verhindert hatten. Bernard McMahon hat, vielleicht von Repton angeregt, den ›gartenhaften‹ Stil in Amerika eingeführt. McMahons *The American Gardener's Calender* von 1806 war das erste wichtige Buch des Landes über Gartenbau und Landschaftsplanung. Den ›gartenhaften‹ Stil kennzeichneten einerseits ›ländliche offene Räume‹, die mit Baum- und Buschdickicht bepflanzt waren, andererseits Bereiche von regelmäßiger Gestaltung für Blumen.

Die amerikanischen Kolonien, insbesondere Virginia, lieferten eine große Vielfalt an heimischen Pflanzen. Die Tradescants führten viele neue Pflanzen ein, unter anderem die Goldrute *(Solidago canadensis)*.

Cremefarbene Blüten erheben sich über den gekerbten und gelappten Blättern der *Rodgersia podophylla*, die allmählich einen bronzefarbenen Ton annehmen werden. Burgunderrotes Laub und Rosen bilden einen schönen Hintergrund.

PFLANZENSAMMELN IN FERNEN LÄNDERN

Die Expeditionen englischer Pflanzensammler, schon zur Zeit der Kreuzzüge unternommen, sind im Laufe des achtzehnten Jahrhunderts sehr zahlreich geworden. Sir Joseph Banks, der mit Kapitän James Cook auf seine erste Fahrt ging, gewann Georg III. dafür, die Gärten von Kew House, das ursprünglich ein privater Landsitz war, in eine Art Handelszentrum für kommerziell wichtige Pflanzen zu verwandeln. Banks war entschlossen, Kew zum Weltzentrum für botanische Forschung zu machen. Sammler wurden ausgeschickt, ›His Majesty's Botanic Garden‹ mit Pflanzen zu versorgen, die man im Westen noch nie gesehen hatte. Eigens bestellte Botaniker wurden nach Südafrika, Brasilien und Australien gesandt. Auch die East India Company schickte Pflanzen.

Die Jagd nach Pflanzen war ein gefährliches Geschäft. Japaner und Chinesen ließen ungern Ausländer ins Land und wer dennoch Zutritt erlangte, lebte in ständiger Angst vor Banditen, Überschwemmungen und Krankheiten. Die Arbeit blieb häufig ohne Anerkennung – der Entdecker der großartigen *Rodgersia podophylla* aus Japan ist bis heute unbekannt. Französische Missionare, viele unter ihnen waren Botaniker, wurden in China verfolgt.

Pierre Nicholas d'Incarville wurde 1739 von den Jesuiten mit dem Auftrag nach China entsandt, den Kaiser des Landes zum Christentum zu bekehren. Es mißlang ihm zwar, aber er schickte viele neue Spezies in seine Heimat trotz des Verlustes zweier Schiffsladungen, von denen eine im Meer versank und eine andere von den Engländern geraubt wurde. Viele Sendungen Incarvilles wurden in Paris erst viele Jahre später ungeöffnet wiederentdeckt. So erging es auch vielen der 200 000 Pflanzen, darunter 1500 neue Spezies, die von Jean-Marie Delavay an das Museum d'Histoire Naturelle (den Jardin des Plantes) in Paris gesendet wurden. Der Missionar erforschte Ende des neunzehnten Jahrhunderts Yünnan, die südwestliche Provinz Chinas in der Nähe von Burma. Ungefähr zur gleichen Zeit sammelte der französische Geistliche Abbé Armand David, der als erster Ausländer einen Panda gesehen hat, Pflanzen in der Inneren Mongolei.

Die Verluste waren groß, wenn Pflanzen per Schiff nach Europa geschickt wurden. Holländer, Engländer und Franzosen überfielen gegenseitig ihre Schiffe und raubten die Pflanzenfracht. Viele Pflanzen fielen den Ratten zum Opfer, konnten die Salzgischten nicht vertragen oder verfaulten, bevor sie ihr Ziel erreichten. Nach der Ankunft der Pflanzen aus Übersee glaubte man häufig, sie würden am besten in Treibhäusern überleben. Jedoch gingen die Pflanzen aus den gemäßigten Klimazonen bei dieser freundlichen Behandlung prompt ein. Der ›Wardian case‹, ein tragbares Glashaus, das 1829 erfunden wurde, vergrößerte die Chance der Pflanzen, die langen Ozeanreisen zu überleben. – Der technologische Fortschritt der industriellen Revolution, der dazu führte, daß Glas und Eisen erschwinglich wurden, machte die modernen Gewächshäuser möglich.

VIKTORIANISCHE GARTENSTILE

Um das Jahr 1837, als Viktoria den englischen Thron bestieg, hatte sich die Gartenmode um dreihundertsechzig Grad gedreht und die geometrischen Beete waren wieder gefragt. Die Gartenanlagen der vornehmsten Villen wurden nach dem Vorbild der italienischen Parterres des Kontinents angelegt, und, abgesehen von den Cottage-Gärten, war jeder Garten bis zum Rand mit Statuen, Urnen, Fontänen und Hecken gefüllt. Beete mit einjährigen Sommerblumen beherrschten das Bild. Hatten die älteren Pflanzen immer weniger Anklang gefunden, so verwendeten die Viktorianer, die sich den Aufwand von Gewächshäusern und Legionen weltweit eingesetzter Pflanzensammler leisten konnten, wieder in Fülle die in der Vergangenheit mißachteten Pflanzen. Die bandartigen Beete wurden oft schneckenförmig oder in klassisch-griechischen Mustern mit einjährigen, leuchtend bunten Treibhausblumen bepflanzt. Die Parterres enthielten häufig Blumen von ähnlich starker Farbigkeit, und gewöhnlich akzentuierte man ihre Mitte mit einer markanten Pflanze. Teppichartige Beetbepflanzungen waren eine Imitation der verschlungenen Muster der orientalischen und kaukasischen Brücken, die in dieser Zeit ungemein beliebt waren. Teppichbeete wurden fast immer mit dicht gesetzten und sorgfältig beschnittenen Laubpflanzen angelegt, und einige waren ausgesprochen kunstvoll entworfen, was trotz verbreiteter zeitgenössischer Kritik gesagt werden kann. Einjährige Pflanzen beherrschten damals die Gartenszene. Stauden, die in die Sommerbeete paßten, waren beliebt, während man den Rest großenteils ignorierte.

Zum ersten Mal wurden den Katalogen der Gärtnereien Preislisten beigegeben. Ehemals hatten die Gutsbesitzer die Preise von Setzlingen und Pflanzenzwiebeln von Fall zu Fall ausgehandelt. Die neuen Preislisten zeigten an, daß das gärtnerische Interesse in der Mittelklasse zugenommen hatte. Mehr und mehr beschäftigten sich auch Frauen im Garten, galt doch die gärtnerische Tätigkeit als geeigneter Zeitvertreib für die gut erzogene Dame.

Eine Veranderung des Gartenstils lag in der Luft und brach mit William Robinson wie ein Sturm herein. Er spottete über die Sommerbeete mit einjährigen Pflanzen. Sein Buch *The English Flower Garden* von 1883 entfachte eine Revolution des Gartenstils und ist heute ein Klassiker. Robinson sah die geometrischen Beete, gefüllt mit einer einzigen im Gewächshaus gezogenen Spezies, nicht nur als »Konditorarbeit« an, sondern betrachtete sie auch als Degradierung der individuellen Pflanzen. Er wollte die Grenzen zwischen kultivierten und wilden Pflanzen weniger stark betont wissen und gab zum ersten Mal die Anregung, Zwiebelpflanzen und Wildblumen möglichst in Obstgärten, Wäldern oder auf Hügelhängen anzusiedeln, wo sie sich selbst überlassen blieben und heimisch werden könnten. Hatte Browns ›natürlicher‹ Stil den Blumengarten vertrieben, wanderte nun Robinsons Blumengarten aus winterharten Stauden von der Terrasse hinab in die umgebende Landschaft.

AUF DER SUCHE NACH EXOTEN

Die Forschungsreisen um neu zu entdeckender Pflanzen willen wurden rund um die Welt fortgesetzt. Die ›Horticultural Society of London‹ schickte David Douglas in den amerikanischen Westen, um dort Samen und Pflanzen zu sammeln. Er führte über zweihundert Spezies ein, von denen viele ursprünglich schon während der Expedition von Meriwether Lewis und William Clark im Jahre 1803 entdeckt worden waren. Ihr Versuch, eine Wasserstraße zwischen dem Atlantik und der Pazifischen Küste zu finden, wurde durch die Rocky Mountains vereitelt. Sie entdeckten aber viele neue Blumen, unter anderem die Kokardenblume *Gaillardia aristata*, die wegen ihrer leuchtenden Farben bekannt ist.

Die im Umgang mit Treibhauspflanzen so geschickten Viktorianer hatten erstaunlich unvollkommene Kenntnisse über Böden und Entwässerung. Viele der aus dem amerikanischen Westen mitgebrachten Pflanzen verfaulten in sumpfigen Beeten.

Die Horticultural Society of London schickte Robert Fortune im Jahre 1842 nach China. Er war angewiesen worden, keine Pflanzen mit nach Hause zu bringen, die intensive Pflege im Treibhaus erhalten müßten, wirkliche Besonderheiten ausgenommen. Fortune hatte das Glück, das sein Name verheißt, und brachte hundert neue Pflanzen mit nach Hause. Über Nacht wurden nach ihrer Neueinführung die Ballonblume, *Platycodon grandiflorus*, und Tränendes Herz, *Dicentra spectabilis*, zu Sensationen. Die berühmte Gärtnerei Veitch schickte den Sammler William Lobb im Jahre 1840 auf eine andere Expedition nach Südamerika. Er brachte große Mengen Samen von Araukarien aus Argentinien und Schönmalven, *Abutilon vitifolium*, aus Chile mit.

Die Kokardenblume wurde von Lewis und Clark entdeckt. OBEN: Über ein Staudenbeet neigt eine *Araucaria imbricata* ihre Zweige. GEGENÜBER: *Abutilon vitifolium* vor einer Mauer.

DER STIL DES 20. JAHRHUNDERTS UND DIE GEGENWART

Die Gärten des zwanzigsten Jahrhunderts sind in starkem Maße von Gertrude Jekyll beeinflußt worden, die in Zusammenarbeit mit dem Architekten Sir Edwin Lutyens Gärten von großer Schönheit entwarf. Die Staudenrabatte wurde von dem Paar, das sich 1889 kennenlernte, wesentlich umgestaltet und erhielt dabei eine neue Farbigkeit. Miss Jekyll wurde nicht nur von William Robinson beeinflußt, sondern auch von den Gemälden der Impressionisten und von ihrer Freundin Maria Theresia Earle, die unter dem Namen Mrs. C. W. Earle über ihre Bewunderung für die Einfachheit der Cottage-Gärten schrieb. In den Vereinigten Staaten wirkte Beatrix Ferrand, die Dumbarton Oaks entworfen hat, an der Neugestaltung von Gärten mit, ebenso wie Frederick Law Olstead, der ein Vermächtnis großartiger öffentlicher Parks hinterlassen hat. Die Arbeiten dieser Gartenkünstler, eine Kombination aus strengen und formal zwanglosen Elementen, haben die öffentliche Meinung über Gartenstile beeinflußt und den Übergang von den aufdringlichen Farbtönen der viktorianischen Zeit zu einer feineren Farbpalette angeregt.

In Gärten von heute werden häufig einheimische Pflanzen mit traditionellen kombiniert oder mit Ausschließlichkeit alleine verwendet. Letztere Praxis engt die Gestaltungsmöglichkeiten stark ein, da sie die anpassungsfähigen Stauden ignoriert, die in fernen Ländern mit ähnlichem Klima aufgespürt worden sind. Gärten entstehen allmählich, jeder muß

Die formenstrenge Anlage eines Kräutergartens weckt Erinnerungen an frühere Zeiten. GEGENÜBER OBEN: Steinterrassen mit Iris, Nelken, Hornkraut und Katzenminze. GEGENÜBER UNTEN: Silberkerzen *(Cimicifuga racemosa)* erheben sich über Garben, Ballonblumen *(Platycodon)* und Wollziest.

sich den Stil suchen, der seinem Temperament und der Lage seines Gartens angemessen ist. Thalassa Cruso, eine Engländerin, die es nach Massachusetts verschlug, hat mit ihrem Buch *Making Things Grow Outdoors* eine ganze Generation unterrichtet. Sie fordert zur Selbsterkenntnis auf, bevor man einen Garten plane: »Überaus ordentliche Gärtner tun sich mit einer zwanglosen Gestaltung leichter, da ihnen sonst jedes Unkraut oder jedes liegengebliebene Blatt wie ein persönlicher Affront erscheint, auf den sofort reagiert werden muß.« Weiter rät sie: »Falls Sie im Haushalt nachlässig sind, entscheiden Sie sich ohne Zögern für Backsteinterrassen und beschnittene Hecken längs Ihrer Wege, denn Sie werden sie auch noch dann genießen, wenn Sie sehen, daß Sie etwas für ihr Aussehen tun müßten.«

Die Rekonstruktion oder Erneuerung historischer Gärten ist ein neues Phänomen in der Gartenkunst, und erst kürzlich hat man versucht, für solche Gärten authentische Pflanzen zu verwenden. Alle diejenigen, die einen Garten gerne passend zur Stilepoche ihres Hauses neu gestalten oder modifizieren wollen, möchten vielleicht wissen, wann die in Frage kommenden Pflanzen eingeführt worden sind. Viele, die niemals auf die Idee kämen, einen Queen-Anne-Stuhl an einen modernen dänischen Tisch zu stellen, pflanzen ohne Bedenken gekräuselte Petunien und Teehybriden – also ganz moderne Pflanzen – in ihre Gärten. Dagegen ist einerseits nichts einzuwenden, aber durch den Verzicht auf alte Blumen beraubt man sich der Freude, die das Leben mit Stilen der Vergangenheit bereiten kann.

KAPITEL III

EINE SAMMLUNG ALTER STAUDEN

Der in Kleinasien heimische *Acanthus* ist eine Pflanze hohen Alters von architektonischer Statur. Nach der Legende ist der griechische Bildhauer Kallimachos durch Akanthusblätter auf einem Kindergrab im 5. Jahrhundert v. Chr. zur Erfindung des korinthischen Kapitells angeregt worden. Ich bin kein Spezialist für griechische Kunst, mußte aber immerhin als Student zwischen ionischen, dorischen und korinthischen Säulen unterscheiden lernen, und als Gärtner gerate ich nun in Verwirrung. Der Akanthus in meinem Garten und die auf den Kapitellen abgebildeten Blätter stimmen nämlich keineswegs überein. Die gemeißelten Blätter sehen wohl wie Blätter aus, aber es läßt sich nur schwer sagen, ob es sich nicht um die Blätter irgendeiner alten Distel handelt.

Der Name unserer Staude leitet sich von ›ákantha‹ ab, was im Griechischen ›Dorn‹ bedeutet. Unter den zwei bekanntesten Mitgliedern dieses in Kleinasien gefundenen Genus ist *A. mollis* die Pflanze, deren Blätter am ehesten Kallimachos' Version ähneln.

Der gebräuchlichste Name für *Acanthus* ist im Englischen Bears's Breeches (Bärenhosen). *A. mollis* wurde in England schon im dreizehnten Jahrhundert kultiviert, *A. spinosus* 1629 eingeführt. Diese ausgesprochen dekorative Pflanze zeichnet sich nicht nur durch ihre schönen dunkelgrünen Blätter aus, sondern auch durch die aufragenden Blütenähren, die 1,20 m bis 1,50 m hoch werden. Die von Brakteen umschlossenen, blaß mauvefarbenen Blüten sind entlang der Stile angeordnet. Nach dem Verblühen treten an die Stelle der Blüten Samenkapseln, die in purpurfarbenen Blütenkelchen sitzen. Die Samen färben sich dunkelbraun, und die Blütenstiele können im Ganzen für die Verwendung in Sträußen getrocknet werden. Man muß nur aufpassen, daß man sich an den scharfen Spitzen der Kelche nicht verletzt. *A. mollis* ist im Wuchs und in der Blüte ähnlich, obgleich die Blätter im Vergleich zu dem glänzenden Laub des *Acanthus spinosus* matt wirken und besonders tief gelappt sind. Es gibt Unterarten und offenbar sehr alte Hybriden zwischen beiden, wodurch sich die vorkommenden Unterschiede im Grad der Lappung und Dornigkeit des Laubs erklären lassen.

ACANTHUS
ACANTHACEAE
Akanthus
ACANTHUS MOLLIS
ACANTHUS SPINOSUS

Ein Strauß in gedeckten Farben aus Akanthus, Dost *(Origanum libanoticum)*, Brombeerzweigen *(Rubus odoratus)* und Sterndolden *(Astrantia major)*. GEGENÜBER: Blüten des *Acanthus spinosus.*

Da *Acanthus mollis* nicht so üppig blüht und auch nicht so winterhart ist, wird er weniger häufig gezogen. Beide Akanthusarten gedeihen in einem fruchtbaren, gut durchlässigen Boden und stehen am liebsten in der Sonne, obgleich sie auch im Halbschatten gezogen werden können.

Acanthus spinosus gedeiht auch in kaltem Klima, falls er zu Beginn besondere Pflege erhält, vor allem was die Entwässerung des Bodens und eine geeignete Abschirmung der Pflanzen anbetrifft. Diese Bedingungen vorausgesetzt, kann er große Horste bilden und mit seinen stark sich ausbreitenden Wurzeln sogar lästig werden.

Wo der Akanthus am besten im Garten plaziert werden sollte, ist vor allem eine ästhetische Frage. Trotz seiner Höhe kann er in der Nähe oder an der Vorderfront einer Rabatte besonders gut zur Geltung kommen. Sein dunkler und düsterer Charakter kann noch durch Begleitpflanzen mit weniger auffallenden Blättern und Blüten in ähnlichen Mauvetönen unterstrichen werden. Ehrenpreis und seine strauchigen Formen (die heute nicht mehr *Veronica*, sondern *Hebe* genannt werden), winterharter Storchschnabel und Diptamstauden, *Dictamnus*, lassen sich gut mit Akanthus verbinden. Sträucher mit burgunderroten Blättern wie *Rosa rubrifolia* und der Perückenstrauch, *Cotinus coggygria*, bieten sich an oberster Stelle als geeignete Pflanzen für den Hintergrund an.

Nach der Legende hat der weise Zentaur Chiron Achilles erzählt, wie er die Blätter dieses Krautes verwenden könne, und zwar zur Behandlung seiner vor Troja verwundeten Soldaten. Merkwürdigerweise und eigentlich zu Unrecht wurde das Kraut *Achillea* und nicht ›Chironia‹ genannt. Über viele Jahrhunderte wurde es weiter als Heilmittel gegen Wunden verwendet, was sich auch in englischen volkstümlichen Namen wie ›Staunchgrass‹, ›Woundwort‹ oder ›Bloodwort‹ widerspiegelt. Die heute im englischen Sprachgebrauch verbreitete Bezeichnung ›Yarrow‹ bedeutete ursprünglich soviel wie ›bereit zu heilen‹.

Zwei Arten der *Achillea* sind in Nordeuropa heimisch und haben sich auch in Teilen Amerikas eingebürgert. *A. millefolium*, die Schafgarbe, wird als Unkraut im Rasen verwünscht, obwohl die roten Abweichungen der weiß blühenden Stammform lange Zeit in Gärten zu finden waren. Gerard weist darauf hin, daß er eine wildwachsende karmesinrote Form entdeckt habe. Diese in der freien Natur sprunghaft auftretenden Spielarten sind von den Cottage-Gärtnern kultiviert worden. Die gefiederten grünen Blätter, denen die Schafgarbe die Artenbezeichnung *millefolium* (tausendblättrig) verdankt, schmücken sich mit Büscheln weißer- oder eben auch rötlicher Blütenköpfe. Im Volksglauben galt die Schaf-

garbe als eines der Hexenkräuter. Gratulanten brachten zum Hochzeitsfest Sträuße aus Schafgarbe (auch Venusbaum genannt) mit, die dem Brautpaar eine sieben Jahre lang währende echte Liebe garantieren sollten. Schafgarbe half gegen Geschwüre, Bronchitis, Zahnweh und wirkte bei Blähungen.

Garben *(Achillea filipendulina)* vor großen Gruppen aus Brennender Liebe *(Lychnis chalcedonica)* und Wiesenraute *(Thalictrum speciosissimum)*. OBEN (UND VIGNETTE): Rosa Formen der Schafgarbe *(A. millefolium)* wachsen wild in der freien Natur.

ACHILLEA COMPOSITAE
Garbe

ACHILLEA FILIPENDULINA
ACHILLEA MILLEFOLIUM Schafgarbe
ACHILLEA PTARMICA Sumpfgarbe

Die stattlichen goldenen Blütenscheiben der *A. filipendulina* wiegen sich über grauem Laub. UNTEN MITTE: Die Terrine enthält einen Strauß aus *A. filipendulina*, Dill, Weidenröschen *(Epilobium angustifolium)* und weißen Gelenkblumen *(Physostegie virginiana)*.

Durchmesser von ungefähr 13 cm und schweben wie Untertassen über den Horsten aus feingliedrigem, aromatischem Laub. *Achillea filipendulina* in großen Gruppen bietet einen besonders schönen Anblick, wenn man sie mit Blumen kombiniert, die genauso intensiv in der Farbe sind. Ich pflanze sie besonders gerne zusammen mit Massen von Blumen in anderen Gelbtönen, angefangen von kanariengelben Margeriten bis hin zu cremefarbenem Mädesüß. Die Blumen haben die gute Eigenschaft, nach dem Trocknen ihre Farbe zu behalten.

Es mag Sie überraschen, daß die Garbe zur Familie der Korbblüter, der ›Compositae‹, zählt, für die der ›Gänseblümchen‹-Blütenstand charakteristisch ist. Beim näheren Betrachten entdecken Sie denn auch Büschel kleiner gänseblumenartiger Blüten ohne Blütenblätter. Die üppigen, flachen Blütenköpfe werden von kräftigen Stilen getragen, die sich am Ende verzweigen.

Die reinweiße Form der Sumpfgarbe *(A. ptarmica)* wurde zuerst im Jahre 1850 gezogen. Sie ist jetzt unter dem Namen 'The Pearl' bekannt. GEGENÜBER: *A. filipendulina* und einjährige Sonnenblumen bilden ein Meer aus goldenen Gelbtönen.

Die andere wilde Art der *Achillea* ist die Sumpfgarbe *A. ptarmica*, die auch in Europa heimisch ist. Sie heißt im Englischen ›White Pellitory‹ oder ›Sneezewort‹ (Nieskraut, Nieswurz). Gefüllte Formen, wie sie im sechzehnten Jahrhundert kultiviert wurden, hießen ›Shirtbuttons‹ (Hemdenknöpfe).

Der berühmte französische Gärtner Victor Lemoine züchtete um 1850 eine reinweiße gefüllte Form, die ursprünglich den Namen 'Boule de Neige' trug. In England heißt diese Sorte 'The Pearl'. Die meisten weißen Blüten tendieren um einen Hauch zum Blauen, Grünen, Rosa- oder Cremefarbenen, aber 'The Pearl' ist reinweiß.

Die bekannteste Garbe ist die *Achillea filipendulina*, die 1803 aus Mitteleuropa nach England eingeführt wurde. Ihre goldfarbenen Blütenköpfe haben einen

Die Garben gehören zu den anpassungsfähigsten Gartenblumen. Sie sind ganz anspruchslos, was Boden und Bewässerung anbetrifft. Volle Sonne ist ihnen am liebsten, da sie sonst ihre Blütenköpfe hängen lassen. Garben sind erstaunlich resistent gegen Krankheiten und Ungeziefer und können sich bei dieser eisenharten Konstitution bis zur Lästigkeit ausbreiten. Die Schafgarbe ist besonders starkwüchsig und muß deshalb immer wieder geteilt werden. Die Teilstücke lassen sich gut verpflanzen. Ein radikaler Rückschnitt im Hochsommer verjüngt die Pflanzen und regt sie an, im Herbst frische Blüten hervorzubringen.

ACONITUM RANUNCULACEAE
Eisenhut

ACONITUM ANTHORA
ACONITUM NAPELLUS

Der Eisenhut, *Aconitum napellus,* der seit dem sechzehnten Jahrhundert kultiviert wird, ist in Teilen Europas, einschließlich Englands, und in Asien heimisch. In vergangenen Zeiten schien es undenkbar, daß sich diese Pflanze zu einer Gartenblume entwickeln könne. Ihr Blütenstaub wurde für Giftpfeile verwendet, und die Griechen und Römer banden Köder mit den Wurzeln zusammen, um Wölfe zu töten. Von der ländlichen Bevölkerung Englands wurde der Eisenhut ›Wolf's Bane‹ (Wolfsgift) genannt. Der lateinische Name bezieht sich auf den Hügel Akonitos, wo Herkules der Sage nach mit Kerberos, dem dreiköpfigen Hund und Hadeswächter, kämpfte. Der Schaum des rasenden Hundes tropfte auf den Boden, und die giftigen Blumen schossen aus der Erde. Shakespeare vergleicht in *King Henry IV.* die Stärke des Giftes von ›aconitum‹ mit Kanonenpulver. Dennoch wurde die Pflanze populär. Der Arzt William Turner, der ein Zeitgenosse Shakespeares war, schrieb damals: »Unsere Londoner, die seit einigen Jahren dieses Wolfsgift, das sonst Mönchskapuze genannt wird, bekommen haben, sollten achtgeben …«

Der Eisenhut mit seinen wie von Kappen überstülpten Blüten hat lange schon die Phantasie gefangengenommen. ›Granny's-nightcap‹, ›Captain-over-the-garden‹, ›Chariot-and-horses‹ und ›Helmet-Flower‹ gehörten zu den Namen, die im englischen Volksmund verwendet wurden. Zu allen Zeiten gab es Autoren, die vor den Gefahren des Eisenhuts warnten. So berichtet Gerard über »einen beklagenswerten Vorfall in Antwerpen«, wo die zarten jungen Blätter »von gewis-

Obwohl er giftig ist, wird seit dem sechzehnten Jahrhundert der Eisenhut *(Aconitum napellus)* mit seinen dunklen Blütenähren in englischen Gärten gezogen.

sen völlig unwissenden Leuten im Salat serviert wurden und alle, die davon gegessen hatten, unmittelbar danach die abscheulichsten Symptome zeigten und starben«. Und Linné erzählt von einem unfähigen Arzt, der mit fataler Folge für sein Leben Eisenhutblätter zu sich nahm,

Obgleich dieser Eisenhut *(Aconitum anthora)* schöne blaßgelbe Blüten trägt und das Gegengift gegen *A. napellus* enthalten soll, wird er nur selten gezogen. GEGENÜBER: *Aconitum napellus* 'Spark's Variety', einjähriger Rittersporn, *Consolida ambigua*, Kratzdistel *(Cirsium japonicum)* und Eichenblätter in einem alten Porzellankrug.

um einen skeptischen Patienten von der Güte seines Rezeptes zu überzeugen.

Trotz seines schlechten Rufs haben die Gärtner den Eisenhut immer wegen seiner Schönheit geschätzt. Die Wirkung der drillichblauen Blüten wird noch durch ihre dunkleren, beinahe braunen Adern verstärkt, die einen Gesamteindruck von zartem Purpur ergeben. Der Akzent ist auf ›zart‹ zu legen, denn der Farbton ist zwar dunkel, aber nicht kräftig. Die Blütenähren des *A. napellus* erreichen eine Höhe von 1,20 m oder 1,50 m und stehen drei Wochen oder auch länger in Blüte. Selbst wenn sie im Schatten stehen, müssen sie nur selten abgestützt werden. Der hervorragende englische Pflanzenkenner Graham Stuart Thomas schreibt: »... sie mögen gern volle Sonne, gedeihen aber auch im Halbschatten oder im vollen Schatten – wo die dunklen Farben einiger Arten in ihrer finsteren Schönheit noch zuzunehmen scheinen.« Da die Eisenhutarten gleich der Butterblume zur Familie der Hahnenfußgewächse gehören, erstaunt es nicht, daß sich der Eisenhut in feuchtem Boden wohlfühlt. Seine dunklen, tief eingeschnittenen Blätter erscheinen zu Beginn des Frühjahrs.

Gegen Ende des letzten Jahrhunderts ist die Sorte 'Spark's Variety' mit ihren intensiv violettblauen Blüten eingeführt worden. 'Bricolor' ist eine alte Gartenhybride mit weißer und blauer Färbung. Die einheimische englische Spezies *A. anglicum* wird schon seit vielen Jahrhunderten gezogen. Sie unterscheidet sich in erster Linie von *A. napellus* durch ihre frühere Blütezeit im Sommer. Die wilde amerikanische Spezies, die überall in den Rocky Mountains vorkommt, ist *A. columbianum.* Sie wird nicht so hoch und trägt kräftig violettfarbene Blüten. Eine ungewöhnliche Spezies, *A. vulparia*, zeichnet sich durch blaßgelbe Blüten aus, die die Viktorianer besonders liebten. Ein anderes gelbes Mitglied der Gattung, *A. anthora*, das ein Gegengift gegen all die anderen sein soll, aber erstaunlicherweise niemals in großem Stil in Gärten gezogen worden ist, ist sehr selten. Ich ziehe diesen Eisenhut wegen seiner 60 cm langen, blaßfarbenen Blütenähren, die sich so wunderbar mit lavendel-rosafarbenen Astilben kombinieren lassen.

Eisenhut ist eine ausgezeichnete, leider aber häufig übersehene Gartenpflanze. Wir leben mit einer Gartenkultur, die den Rittersporn höher schätzt: Aber eine Pflanze, die schon von ihrer Züchtung her unfähig ist, sich alleine aufrecht zu halten, kann kaum zur Schönheit des Gartens beitragen (trotz aller Versuche, sie möglichst unauffällig aufzubinden, was schon ein Widerspruch in sich ist). Das soll nicht bedeuten, daß der Rittersporn der Mühe um ihn nicht wert sein mag, aber gewiß ist der ehrwürdige alte Eisenhut zu Unrecht in den Schatten des modischen Gartenneulings geraten. Den Züchtern des zwanzigsten Jahrhunderts muß eine Pflanze mit dem Namen ›Eisenhut‹ oder ›Wolf's Bane‹ (Wolfsgift) ausgesprochen überholt vorgekommen sein. Das ist wirklich schade, da *Aconitum* im Garten unersetzlich ist. Gerade sein dunkler Farbton harmonisiert so besonders gut mit karmesinroten Rosen, die im Erblühen oft bläulich angehaucht sind. Eisenhut läßt sich auch wunderbar mit goldgelben Blumen wie Hundskamille, *Anthemis*, Sonnenauge, *Heliopsis*, oder Sonnenhut, *Rudbeckia*, kombinieren, oder auch mit *Thalictum speciosissimum.*

Seit einigen Jahren wird Eisenhut auch in Blumenläden verkauft. Aber trotz seines langen Vasenlebens kann er als Schmuck für den Eßtisch nicht empfohlen werden.

Edward A. Bowles, ein Gärtner der Jahrhundertwende mit scharfer Beobachtungsgabe, hat die Blätter der *Alchemilla mollis* mit folgenden Worten beschrieben: »... sie haben einen sehr zarten Grau-Grünton und sind mit feinen seidenen Haaren bedeckt, die ihrer tassenartigen Form helfen, Regentropfen festzuhalten, die wie Quecksilber glitzern«. Wer denken sollte, dies sei ein rein englisches Phänomen, dem kann ich versichern, daß das gleiche in meinem Garten in Denver geschieht. Selten ist ein Anblick so reizvoll wie der von Tautropfen auf den Blättern des Frauenmantels am frühen Morgen. Seit ihrer Einführung aus der Türkei im Jahre 1874 haben viele Gartenschriftsteller ein Loblied auf diese Pflanze gesungen. Trotzdem sieht man sie immer noch viel zu selten. Vielleicht liegt es an ihren kleinen, in winzigen chartreusefarbenen Blütenzweigen gebündelten Blüten, daß sie von Gärtnern immer wieder übersehen worden ist. Ich erinnere mich an ein Rosenbeet, das mich einmal besonders beeindruckt hat. Ich ging einen Grasweg entlang und glaubte plötzlich, noch nie so auffallende und üppige Blüten gesehen zu haben – in Farben wie Muschelrosa, Koralle und gepuderte Himbeere. Die Farben wirkten deshalb so intensiv, weil die Rosenblüten in eine chartreusefarbene Wolke eingebettet waren. Jedes Beet war mit Frauenmantel eingefaßt, der sich auch zwischen den Rosenbüschen ausgesät hatte. Der Besitzer war klug genug, das spontane Wachstum zu akzeptieren.

Einer meiner Freunde, ein sehr talentierter Blumenbinder, schwört auf den Frauenmantel als belebendes Beiwerk in einem Strauß. Die besondere Farbe der Blüten eignet sich vorzüglich als Folie für lavendel- und rosafarbene, weiße und blaue Blüten, ohne selbst ein allzu starker Blickfang zu sein. Die flaumigen runden Blätter sind genauso wertvoll in Gestecken und Sträußen, insbesondere zusammen mit pfirsich- und cremefarbenen Tönen.

Die gefältelten Blätter wurden mit einem altmodischen Mantel verglichen, womit sich möglicherweise der gebräuchliche Name erklären läßt. Einer plausibleren Theorie nach haben Mönche die wilde Spezies *A. vulgaris* der Jungfrau Maria geweiht und ursprünglich ›Our Lady's Mantle‹ (Mantel Unserer Lieben Frau) genannt. Alte Kräuterbücher bestätigen, daß dieser Name schon um 1548 in Gebrauch war. Die beiden Spezies sind einander sehr ähnlich, wobei sich *A. vulgaris* in mehr als zwanzig Unterarten aufteilt, die alle in Europa vorkommen. Gartenfreunde müssen sich über die Unterschiede trotzdem keine Gedanken machen, da die meisten unter dem Namen *A. vulgaris* verkauften Pflanzen wahrscheinlich Exemplare von *A. mollis* sind. Die an sich ›weiche‹ Pflanze konnte übrigens in einem ganz gegenteiligen Verständnis von phantasiebegabten Leuten auch mit einer Löwentatze verglichen und ›Lion's foot‹ genannt werden. Schließlich wurden die Wassertropfen auf den Blättern von Generationen erfolglos bleibender Alchimisten eingesammelt, und der lateinische Name ist eine Anspielung auf ihre Jagd nach dem ersehnten Gold.

ALCHEMILLA MOLLIS
ROSACEAE
Frauenmantel

Alchemilla wurde als Heilmittel für verschiedene Krankheiten geschätzt. Nicholas Culpeper veröffentlichte im Jahre 1652 sein *Complete Herbal.* Er empfiehlt darin, Frauenmantel für eine Reihe von Frauenbeschwerden innerlich und äußerlich anzuwenden. Zwei Tassen Frauenmanteltee täglich sollten während der Schwangerschaft getrunken werden. Ferner empfahl er, Frauenmantel zur Behandlung von Wunden zu verwenden, »da er die Feuchtigkeit offener Wunden austrocknet und Entzündungen heilt.«

A. mollis kann während der Blütezeit eine Höhe von 45 cm erreichen, obgleich ihr Laub den Boden bedeckt. Sie ist die größte Spezies einer Gattung, die in verschiedenen Teilen Europas und in Westasien vorkommt. Einige der meist sehr kleinen Arten wie zum Beispiel *A. alpina* sind groß genug, um in einem Staudengarten verwendet werden zu können. Es ist ein glücklicher Umstand, daß alle Arten dekoratives Laub und federartige Blütenzweige besitzen. In den Gärten der Cambridge University ist ein ganzes Beet ausschließlich den vielen verschiedenen Spezies der *Alchemilla* vorbehalten.

Frauenmantel läßt sich leicht ziehen. Er bevorzugt einen feuchten Boden und ein wenig Sonne, gedeiht aber auch gut unter anderen Bedingungen. Wenn er zu trocken steht, was er gar nicht leiden kann, wird er unvermeidlich von Milben befallen.

In einigen Büchern wird behauptet, Frauenmantel sei eine Plage, da er sich selbst überreich aussäe. Andere sind da viel toleranter; für sie kann ein Garten nie zuviel *Alchemilla* enthalten, es sei denn, man fände gar nichts anderes mehr darin.

Frauenmantel (Alchemilla mollis) bildet einen hübschen Rahmen für Lupinen und Fenchel. GEGENÜBER OBEN: Zahllose chartreuse-gelbe Blüten bekrönen einen dichten Horst von Frauenmantel. GEGENÜBER UNTEN: Blätter des Frauenmantels unterstreichen die Wirkung von Montbretien *(Crocosmia x crocosmiiflora)* und Rosen.

ALLIUM AMARYLLIDACEAE Lauch

ALLIUM CERNUUM

ALLIUM CHRISTOPHII Sternkugellauch

ALLIUM SENESCENS *ALLIUM TUBEROSUM*

Zwiebeln gab es bereits in den Gärten frühester Kulturen. Der Gattungsname kann vielleicht von dem keltischen Wort ›all‹ abgeleitet werden, das soviel wie ›heiß‹ oder ›brennend‹ bedeutet und auf die bekannten kulinarischen Eigenschaften dieser Pflanzen anspielt. Im Mittelalter waren Zwiebeln ein Mittel gegen schlechte Augen, Hundebisse, Kahlköpfigkeit und sonstige Schönheitsfehler. Damit nicht genug, sie steigerten angeblich die Liebesfähigkeit.

Gewöhnliche Laucharten wie Schnittlauch, Knoblauch, Lauch und Zwiebeln hatten immer einen Platz im Küchengarten, aber die schöneren Arten waren nie so beliebt, abgesehen vielleicht vom ausgefallenen *A. giganteum*, von dem man am Ende der viktorianischen Epoche stark beeindruckt war und der noch bis heute in jedem Katalog herbstblühender Zwiebelpflanzen angeboten wird. Trotzdem waren einige *Allium*arten schon in elisabethanischen Gärten zu finden, insbesondere *A. moly* und alle anderen dekorativen Sorten dieser Art. Die zierlichen lavendelfarbenen Blütenköpfe von *A. senescens* werden in ihrer Wirkung noch durch die bläulichen Büschel der gekräuselten schmalen Blätter gesteigert. *A. tuberosum* wurde in der Zeit der großen Pflanzenexpeditionen, die mit dem Ende der Opiumkriege einsetzten, aus dem Fernen Osten mitgebracht. Es ist nicht nur eßbar, sondern auch schön anzusehen. Jede der kalkweißen Blüten hat ein dunkles Auge. Seine Blütenköpfe entfalten sich an 45 cm langen Stengeln und haben ihre große Zeit im Spätsommer. Sein Duft und sein Geschmack sind auf seine schwefelhaltigen Öle zurückzuführen.

Anspruchsvolle englische Gärtner haben *A. cernuum* mit Begeisterung aufgenommen, als es um 1800 aus Amerika eingeführt wurde. Es gibt keinen Zweifel, daß dieser etwa 15 cm hoch werdende Zierlauch mit seinen hängenden Blütenköpfen der bezauberndste von allen ist. Seine Blütendolden erinnern an explodierende Feuerwerkskörper. Ihre erlesene Farbe könnte man als zartes Amethystrosa bezeichnen. Große Gruppen dieser nickenden Blütenköpfe bieten für sich allein einen wunderbaren Anblick auf einer Böschung oder einem Abhang. *A. cernuum* eignet sich aber auch gut als Beeteinfassung, und sein feiner Farbton kommt neben dem spitzenartigen grauen Laub des Rainfarns, *Tanacetum densum*, oder den blaßgrünen Ähren des Gottvergeß, *Ballota pseudodictamnus*, besonders gut zur Geltung. Nach seinem Blütenschauspiel im Hochsommer sind auch die Samenköpfe noch reizvoll anzuschauen.

Lavendelfarbene Kugelköpfe des Sternkugellauchs *(Allium christophii)* vor schlanken Blütenähren des Leinkrauts *(Linaria purpurea)*. GEGENÜBER: Hunderte von amethyst-rosafarbenen Blüten des in Nordamerika heimischen Zierlauchs *Allium cernuum* an einer felsigen Böschung.

Der türkische Zierlauch *A. christophii* (syn. *A. albopilosum)* hat die größten Blütenköpfe, mit einem Durchmesser von ungefähr 25 cm. Trotz kolossaler Größe bei verhältnismäßig kurzen Stielen wirkt er keineswegs plump. Die Blätter sind schon abgestorben, wenn im Juni die Kugeln aus blaßvioletten Sternen zu blühen beginnen. Die Mitte jeder sternförmigen Blüte ziert später eine grüne Samenkapsel. Die runden Köpfe halten lange und lassen sich wunderbar in Trockensträußen verwenden.

Damit keine Flecken nackter Erde entstehen, wenn die Blätter absterben, können die Horste von *A. christophii* im Herbst mit Stiefmütterchen oder überhaupt durch einen flachwachsenden Bodendecker wie Ehrenpreis, *Veronica filiformis*, überpflanzt werden. Seine Matten aus winzigen Blättern hindern die kräftigen Stiele des Zierlauchs nicht daran, sich zu entwickeln; darüber hinaus bilden sie im Frühjahr eine schöne Bodendecke aus zart blaßblauen Blüten.

Keine dieser verschiedenen Zierlaucharten ist anspruchsvoll. Sie geben sich mit einem gewöhnlichen Boden zufrieden, stehen gerne in der Sonne und sind winterhart.

ALSTROEMERIA ALSTROEMERIACEAE

Inkalilie

ALSTROEMERIA AURANTIACA

Peruanische Inkalilie

ALSTROEMERIA LIGTU

Spanische Eroberer haben als erste Europäer die *Alstroemeria* gesehen und sie ›Inkalilie‹ getauft. Die auch als ›Peruanische Lilie‹ bezeichnete *Alstroemeria* ist keine echte Lilie, da sie enger mit der Amaryllis verwandt ist. Spanische Missionare schickten Samen aus Südamerika in ihr Heimatland. Die erste Spezies in Europa war *A. pelegrina.* Mit dem botanischen Namen wird der Baron Claes Alströmer geehrt, der im Jahre 1753 die lavendelfarbenen Blüten in einem Garten in Cadiz entdeckt hatte und seinem Freund Carl von Linné davon Samen schickte. Linné war von der Beschreibung der Pflanze so beeindruckt, daß er seine jungen Sämlinge den ganzen Winter über in seinem Schlafzimmer versorgte, um sie sicher durch die kalte Jahreszeit zu bringen.

Linnés bzw. Alströmers Art wurde im darauffolgenden Jahr in England gezogen. Im Jahre 1776 folgte *A. caryophyllaea* aus Brasilien, die damals *A. ligtu* genannt wurde; *Ligtu* ist die indianische Bezeichnung für die *Alstroemeria.* (Die echte *A. ligtu* wurde etwa vierzig Jahre später kultiviert.) *A. caryophyllea* ist duftend, was sich in der Artenbezeichnung ausdrückt, die auf die Gartennelke *Dianthus caryophyllus* anspielt.

Ein paar weitere Spezies wurden zu Beginn des neunzehnten Jahrhunderts nach und nach in England eingeführt, so die peruanische Inkalilie, *A. aurantiaca,* mit goldorangefarbenen Blüten, die echte *A. ligtu* in Rotschattierungen und *A. haemantha* mit orangefarbenen und gelben, kastanienbraun markierten Blüten. Sie waren bald beliebte Treibhauspflanzen. Man hatte entdeckt, daß die Samen eine Vielfalt an Farbtönen hervorbringen konnten und sich leicht kreuzen ließen. *A. ligtu* war am schwersten zu ziehen, aber ihre Gene verliehen den Hybriden zarte Pfirsich- und Rosatöne. Die dunklen Markierungen, die zum größten Teil von *A. haementha* stammen, locken die Insekten an. Wie mit sicherer Hand gemalt, bilden sie eine perfekte Landehilfe für die Motten, die die Spezies an ihrem heimischen Standort bestäuben.

Die Blütendolden der Inkalilie – die sich nach der jeweiligen Art aus einem halben Dutzend oder mehr Blüten zusammensetzen – erheben sich über Quirlen dicker, grasartiger Blätter. Diese Blätter sind insofern einmalig unter den Gartenblumen, als sie ihre Unterseite nach oben kehren. Einfallsreiche Gärtner haben die Blätter durch Umbiegen der jungen Stiele dazu gebracht, eine zweite Drehung zu machen, um die Unterseite erneut gegen das Licht zu wenden.

Dem Blumenhandel ist es zu verdanken, daß die in den Anden heimische Pflanze neues Interesse gefunden hat. Kürzlich wurde ich zur Teilnahme an einer Floristenschau eingeladen, bei der die einzelnen Abteilungen unter einem ›Thema‹ standen. Mein Thema hatte etwas mit dem Goldenen Zeitalter der späteren Kolonie Cuzco zu tun. Ich stellte mich der Aufgabe und füllte eine Messingurne mit allen Arten goldfarbener und karmesinroter Blumen, dominiert von Inkalilien. Sie gehören zu den wenigen Blumen, von denen ich wußte, daß sie ursprünglich aus Peru stammen.

Ein mit peruanischen Inkalilien *(Alstroemeria autantiaca)* bepflanzter Kupferkessel bildet einen Blickfang. VIGNETTE: Die peruanische Inkalilie läßt sich leicht mit anderen Spezies kreuzen. GEGENÜBER OBEN: *A. ligtu* wächst in der Nähe eines Hauseingangs. GEGENÜBER UNTEN: Die kastanienfarbene Zeichnung der Blüten lockt die Insekten an.

Die goldorangefarbene Peruanische Inkalilie, *A. aurantiaca,* hat sich als gute Gartenpflanze erwiesen, nachdem ihre Feinheiten durch Züchtung herausgearbeitet worden sind. Mrs. C.W. Earle gab 1897 in ihrem *Potpourri from a Surrey Garden* folgenden Ratschlag: »Sie nehmen es nicht übel, im August nach der Blüte umgepflanzt zu werden, und sie lassen sich genauso wie die Maiglöckchen vermehren: Man gräbt quadratische Stücke aus … und setzt sie ein, wo sie erwünscht sind …, ohne die Erde abzuschütteln, die an den Wurzeln hängt.« Inkalilien gedeihen am besten in einem mäßig feuchten Boden aus sandigem Lehm, und die jungen Pflanzen benötigen einen Winterschutz. Haben die Pflanzen erst einmal richtig Fuß gefaßt, sind sie genügsam, und in milden Gegenden können sie so tiefe Wurzeln treiben, daß sie sich nur mit großer Mühe und unter Zuhilfenahme einer Hacke ausreißen lassen. In Gegenden mit kalten Wintern können die Pflanzen während der Ruhezeit an frostfreien Plätzen aufbewahrt werden. Ihr junges Laub ist leuchtend grün, ihr Blütenfeuerwerk beginnt im Juni und hält bis in den Juli an. Stellt man Inkalilien in eine Vase, schmücken sie sich bis zu zwei Wochen lang mit immer neuen Blüten.

Sie fällt nicht ins Auge, sie ist nicht spektakulär. Aber bei einer Handvoll Gartenfreunden ist sie besonders beliebt, trotz der Gleichgültigkeit anderer. Margery Fish gehörte zu den ersteren. Sie sang das Loblied auf die *Astrantia* mit folgenden Worten: »Das gegenwärtige Interesse für die Sterndolden ist ein weiteres Beispiel dafür, auf welch eigene Weise die Cottage-Gärtner eine gute Pflanze entdeckt und bewahrt haben. Diese Blume ist viele Jahre lang in Cottage-Gärten gezogen worden, und sie fühlte sich dort ganz zu Hause. Nun entdecken andere Leute, wie schön sie ist … Sie paßt so gut in unsere gemischten Rabatten und läßt sich vorzüglich zusammen mit Sträuchern ziehen; sie ist tatsächlich die ideale Pflanze für Kombinationen.« Die Sterndolden haben diese Eigenschaft seit 1597 in englischen Gärten bewiesen, als sie aus ihren Heimatländern Österreich und Schweiz eingeführt wurden, wo man sie wild wachsend am Rande von Wäldern und auf Bergwiesen gefunden hatte.

Die bekannteste Spezies ist *Astrantia major,* die charakteristische und schöne Blüten hat. Jeder Blütenkopf weist ein kuppelförmiges Büschel von sehr kleinen Blüten auf, die von einem Kragen aus blütenartigen Hüllblättern umgeben werden. Die Kragen sind blaßgrün und weiß, das Weiß ist in verschiedenen Rosatönen geflammt. Die Spezies fällt unterschiedlich aus; einige selektierte Varietäten haben längere ›Blütenblätter‹, die Blüten anderer haben einen dunklen Pflaumenton angenommen.

ASTRANTIA MAJOR
UMBELLIFERAE
Große Sterndolde

Die Blüten der großen Sterndolde *(Astrantia major)* erhalten ihr charakteristisches Aussehen durch Brakteenkragen und kuppelförmig angeordnete Strahlenblütchen. LINKS: Die zartfarbenen Blüten der großen Sterndolde harmonieren mit vielen Pflanzen, wie hier mit den Knospen der Türkenbundlilie *(Lilium martagon).*

Eine Selektion, die Mrs. Fish aus einem alten Garten gerettet und weiter gezogen hat, trägt jetzt ihren Namen. Sie hat übrigens fast alleine das Interesse an alten Pflanzen neu geweckt. Die Sorte 'Margery Fish' ist eine der kleinsten Sterndolden. Ihre Brakteen sind weiß, und nur ihre ›Nadeln‹, die die winzigen Blütchen tragen, sind rosa gefärbt.

Sterndolden bilden reizvolle Horste aus gelappten Blättern. Je nach Varietät und Züchtung werden sie unterschiedlich hoch, erreichen aber gewöhnlich eine Höhe von ungefähr 60 cm. Sie sind anspruchslos und gedeihen in der Sonne oder im Halbschatten, benötigen aber einen feuchten Boden. Ein durchlässiger, sandiger Boden muß mit organischem Material angereichert werden, damit das Wasser nicht zu schnell abfließt. In Gegenden mit heißen Sommern sollten sie um die Mittagszeit beschattet stehen. Sterndolden vermehren sich durch Wurzelausläufer, was nicht bedeutet, daß sie unangenehm wuchern, eher, daß sie robuste Pflanzen sind.

Die *Astrantia* gehört zur Famiilie der Doldenblütler, Umbelliferae, die auch die bezaubernde wilde Karotte *Daucus carota* zu ihren Mitgliedern zählt. Zwischen beiden gibt es eine gewisse Familienähnlichkeit; aber während die wilde Karotte ein Liebling der Blumenbinder ist, denken nur wenige daran, daß sich die *Astrantia* vorzüglich als Schnittblume eignet. Sie hält sich lange in der Vase, und vor allem in kleinen Bouquets kommt ihre Zartheit gut zur Geltung.

Diese exotische Spezies wurde 1823 aus China eingeführt und schien sich überall rasch zu Hause zu fühlen. *Belamcanda* scheint eine modifizierte Form ihres ostasiatischen Namens zu sein, während *chinensis* eine genaue Bezeichnung ihrer Herkunft ist. Die Pflanze wurde im Fernen Osten zu medizinischen Zwecken verwendet. Linné hat sie ursprünglich als *Ixia chinensis* klassifiziert, da sie den Zwiebelpflanzen aus Südafrika ähnelt, die jetzt bei den Floristen als Schnittblumen beliebt sind.

Ihre schwertförmigen Blätter, die denen der mit ihr verwandten Iris so sehr gleichen, mögen den flüchtigen Beobachter täuschen. Es gibt feine Unterschiede: Das Laub der Leopardenblume ist von leuchtendem Grün, verglichen mit den blaugrünen Blättern der Bartiris, und ihre Stiele sind am Ansatz im Zickzack angeordnet. Groß ist die Überraschung, wenn sich die dünnen Knospen zum Kranz der sechs Blütenblätter entfalten. Die sich wächsern anfühlenden Blüten mit einem Durchmesser von mehr als 2,5 cm sind sandgelb oder blaßorange und mit rötlich orangefarbenen Flecken überzogen. Sie sind nach keinem festen Muster angeordnet und erinnern an Wasserfarbe, die auf feuchtem Papier verläuft. Der Flecken wegen werden sie offenbar Leopardenblumen genannt.

Jede Blüte hält einen Tag und rollt sich nach dem Verwelken wie ein Tischtuch auf, das man auswringt. Immer neue Blüten öffnen sich den ganzen

BELAMCANDA CHINENSIS IRIDACEAE Leopardenblume

OBEN: Die Blüten der Leopardenblume *(Belamcanda chinensis)* zeigen orangefarbene Flecken. UNTEN: Obwohl die Blüten nur einen einzigen Tag lang halten, schmücken sich die Pflanzen wochenlang mit einem üppigen Blütenflor. GEGENÜBER: Die Samenkapseln platzen im Herbst auf und bringen die glänzenden ›Brombeeren‹ zum Vorschein.

Hochsommer über bis Ende August oder Anfang September. Das Schauspiel ist damit nicht zu Ende, denn im Herbst bilden sich fette Samenkapseln. Wenn diese aufplatzen und ihre Wandungen sich einrollen, werden im Innern schwarze Samenbündel sichtbar, die an trockenen Rippen sitzen.

Um in den Genuß der ›Brombeeren‹ zu kommen, darf man natürlich die verwelkten Blüten nicht zu früh entfernen; manche Gartenfreunde ziehen sogar die Samen den Blüten vor! Die Samenköpfe sind reizend in Wintergestecken.

Die Samen lassen sich leicht im Gewächshaus oder unter wärmenden Lampen zum Keimen bringen. Die jungen Pflanzen setzt man dann am besten in den Schnittblumengarten oder in ein Anzuchtbeet. Sie blühen in der Regel im zweiten Jahr nach der Frühjahrsaussaat.

Was die Winterhärte der Leopardenblumen anbetrifft, scheint einige Verwirrung zu bestehen. Die Kälte ist nicht das Problem; sie müssen vielmehr vor allzu großer Feuchtigkeit geschützt werden, da sie sonst verfaulen. In einem gut durchlässigen, sandigen Lehmboden fühlen sich die Rhizome am wohlsten und erhöhte Beete oder Hanglagen mögen die Ursache dafür sein, daß sie an feuchteren Plätzen überleben. Leopardenblumen blühen am besten, wenn sie mindestens den halben Tag lang in der Sonne stehen, aber ihre Blattspitzen können in voller Sonne verbrennen, vor allem während der Trockenperioden. Zu beachten ist vor allem, daß sie in der Wachstumsperiode viel Feuchtigkeit benötigen, im Winter aber sehr wenig.

Trotz der Höhe von 90 cm und mehr, die Leopardenblumen erreichen, ist es durchaus vorteilhaft, sie in den Vordergrund einer Rabatte zu pflanzen. Auf diese Weise lassen sich die Feinheiten ihrer Blüten und Früchte aus nächster Nähe betrachten. Die irisartigen Blätter kommen besonders schön zur Geltung, wenn man *Heuchera sanguinea* mit ihren runden Blättern und zarten Glockenblüten zu ihren Füßen pflanzt. Sonnenhut, *Rudbeckia hirta*, in messingfarbenem Goldton eignet sich als Hintergrund.

Folgt man dieser Pflanze durch die Geschichte, muß man mit dem ständigen Wechsel ihres Namens Schritt halten. Die Bergenie begann ihre Karriere als ein riesiges Mitglied der Saxifraga-Familie, der sie angehört. Später als *Megasea* bekannt, wurde sie schließlich unter dem Namen *Bergenia* zur eigenen Gattung. Mit diesem Namen wird der deutsche Botaniker Karl August von Bergen gewürdigt. Daß die Bergenie eine Gartenpflanze wurde, ist der Kaiserin von Rußland zu verdanken, die 1760 das erste im Garten gezogene Exemplar Linné überreichte. Die Spezies *B. crassifolia* und *B. cordifolia*, die 1779 nach England kamen, stammten aus Sibirien.

Sie haben schöne Blüten und Blätter. Alice Coats, eine frühe Befürworterin alter Blumen, wunderte sich, daß sie nicht einen so liebevollen Namen wie zum Beispiel das Steinbrech *Saxifraga x urbium* erhalten hätten, das in England als ›London Pride‹ bezeichnet wird. So schlug sie den Namen ›Liverpool Love‹ oder ›Leed's Delight‹ vor. Sie wußte vielleicht nicht, oder hielt es nicht für passend, daß man den Bergenien auch den Namen ›Pigsqueaks‹ (Schweinegrunzen) verpaßt hatte. (Wenn man eines der großen, ledrigen Blätter zwischen Daumen und Zeigefinger nimmt und mit dem Daumen darüberfährt, kann ein Geräusch wie von grunzenden Schweinen entstehen.)

Abgesehen von ihren unterhaltsamen Qualitäten sind Bergenien ausgesprochen dekorative Pflanzen. Sie schmücken sich

nicht nur mit dunkelrosafarbenen Blüten, die gleichzeitig mit den Narzissen blühen. Vor allem ist es ihr Laub, das den Dank vieler Gärtnergenerationen verdient hat. Ihre großen runden Blätter, die oft einen Durchmesser von 25 cm haben, sind im Garten unschätzbar; darüber hinaus lassen sie sich ausgesprochen vielseitig verwenden. Der vielfach gebrochene Glanz der Blätter und die Form der Horste, die bis 45 cm hoch werden, bilden einen schönen Kontrast zu vielen anderen Pflanzen. In jedem Klima – die rauhesten ausgenommen – sind die Blätter immergrün und nehmen im Herbst mahagonirote Töne an. Sie sehen am schönsten aus, wenn sie mit einem Hauch von frischem Schnee überzogen sind.

Die beiden bekanntesten Spezies *B. cordifolia* und *B. crassifolia* sind sich so ähnlich, daß sie manche als Varianten derselben Spezies ansehen. Die letzere unterscheidet sich von der ersten dadurch, daß sie in kälteren Monaten eher grün bleibt und die kürzeren Blütenstiele nickende Blüten tragen. Gartenfreunde müssen sich über die Unterschiede keine Sorgen machen, da ihre Kultur und Verwendungsmöglichkeiten identisch sind. In der freien Natur wachsen Bergenien im Wald, an Wasserläufen, auf felsigen Hügeln und auf Bergwiesen. Kurzum, Bergenien können sich fast jeder Situation anpassen, die sich ein Gartenbesitzer ausdenkt. Bergenien kann man in ihren Heimatländern, in Sibirien und der Mongolei, in großen Mengen finden. Dort bedecken sie mitunter Flächen von mehreren Quadratkilometern.

OBEN: Im Frühjahr öffnen sich die prächtigen Blüten der Bergenien. UNTEN: Das ganze Jahr über bieten ihre ledrigen Blätter einen schönen Anblick. GEGENÜBER: *Bergenia cordifolia* hat sich inmitten eines Seerosenteichs auf einer Insel angesiedelt.

BERGENIA
SAXIFRAGACEAE
Bergenie

BERGENIA CILIATA
BERGENIA CORDIFOLIA

B. ciliata wurde 1819 aus Nepal eingeführt. Sie unterscheidet sich von den obengenannten Spezies dadurch, daß ihre Blätter – wenn auch gezähnt und größer – wie bei den Usambaraveilchen mit feinen Härchen bedeckt sind. Sie schimmern silbern und wirken dadurch besonders eindrucksvoll. Im Laufe des Winters sterben sie ab, erscheinen aber früh im Verein mit leicht duftenden, rosa getönten Blüten, die den Blüten der anderen Bergenien vorausgehen.

Alle drei Spezies werden in ihren Heimatländern zur Teezubereitung verwendet. Aus den Wurzeln der *B. ciliata* wird ein Farbstoff gewonnen, und *B. crassifolia* ist als Gerbemittel verwendet worden, weshalb es manchmal auch ›Leatherleaf‹ (Lederblatt) genannt wird.

Bergenien gedeihen beinahe überall, in einem gewöhnlichen Boden und ohne große Pflege. Sonnige Beete sind geeignet, solange der Boden nicht austrocknet, aber leichter Schatten ist ideal. Sie eignen sich besonders gut für trockene Schattenplätze, wo Funkien nicht gedeihen. Man sollte sie möglichst in Frieden lassen, damit sie allmählich große Kolonien bilden können; man kann sie aber auch verpflanzen, indem man sie im Frühjahr teilt. Sie sind langlebig und tolerieren Stadtverhältnisse. Gertrude Jekyll hat sie häufig in Staudenrabatten gepflanzt, aber auch an anderen Plätzen verwendet. In den gepflasterten Hof bei ihrem Haus stellte sie italienische Terrakottatöpfe, die sie mit vielen Pflanzen füllte – einige wegen ihrer schönen Blüten ausgewählt und andere, wie die Bergenien, wegen ihrer Blätter.

Joseph Breck aus Boston hat sich selbst als Samenhändler und Florist bezeichnet. Er schrieb über Gartenfragen und trug dazu bei, daß in der Gartengestaltung künstlerischer Geschmack entwickelt wurde. In *The Flower Garden* (1851) heißt es über die Glockenblume: »Das ist eine große Pflanzenfamilie, deren Mitglieder zum größten Teil ansehnlich, winterhart und mehrjährig sind; einige von ihnen sind ausnehmend schön, und nahezu alle sind eine Zierde für die Rabatte. Wir haben eine ausgesprochen hübsche einheimische Spezies, die einen Platz in der Rabatte wert ist. Man hat sie in Mengen an den Ufern des Merrimack in und oberhalb von Lowell gefunden. Sie ähnelt sehr der in England heimischen Rundblättrigen Glockenblume, *C. rotundifolia*.« Es stellte sich heraus, daß es sich bei der schottischen und der nordamerikanischen Pflanze um ein und dieselbe Spezies handelt.

Die Glockenblume *C. rotundifolia* war eine der ersten Wildpflanzen, die nur ihrer Schönheit wegen in den Garten geholt wurde. Generationen von Dichtern haben sie geliebt und besungen. So hat Emily Brontë 1846 in ihrem Haus in Yorkshire die folgenden Verse geschrieben:

»The Bluebell is the sweetest flower
That waves in summer air:
Its Blossoms have the mightiest power
To soothe my spirit's care.«

(»Die Glockenblume ist die süßeste unter den Blumen, die sich in der Sommerluft wiegen: Ihre Blüten haben unendliche Macht, die Kümmernisse meiner Seele zu lindern.«)

CAMPANULA CAMPANULACEAE Glockenblume

CAMPANULA CARPATICA
Karpatenglockenblume

CAMPANULA LATILOBA

CAMPANULA PERSICIFOLIA
Pfirsichblättrige Glockenblume

CAMPANULA POSCHARSKYANA

CAMPANULA PUNCTATA

CAMPANULA ROTUNDIFOLIA
Rundblättrige Glockenblume

GEGENÜBER: Glockenblumen *(C. rotundifolia)* mit Rainfarn *(Tanacetum densum)* und Spargel *(Asparagus densiflorus)* kombiniert. OBEN: Blühende Glockenblumen *(C. poscharskyana)* bilden einen schönen Kontrast zu Brandkraut *(Phlomis fruticosa)*.

Die Pfirsichblättrige Glockenblume, *C. persicifolia*, die in Mitteleuropa und Asien heimisch ist, wurde schon im sechzehnten Jahrhundert in England gezogen. Die eleganten, porzellanblauen oder weißen Glockenblüten sind Ende des achtzehnten Jahrhunderts von gefüllten Formen nahezu verdrängt worden, die ihrerseits inzwischen selten geworden sind. Die ungefüllten Formen müssen meines Erachtens nicht verbessert werden. Die nickenden, becherförmigen Glocken hängen an 90 cm langen Stielen. Die Hauptblütezeit ist im Juni. Blaublühende Pflanzen bringen oft weiße Nachkommen hervor.

John Parkinson hat behauptet, das aus den Blättern und Blüten gewonnene Wasser sei gut für die Haut und mache »das Gesicht leuchtend und rein«. Der Extrakt wurde auch zum Gurgeln verwendet, und die jungen Wurzeln konnten verzehrt werden.

Die wilde Rapunzel-Glockenblume Europas, *C. rapunculus*, spielt eine wichtige Rolle in einem Märchen der Brüder Grimm. Darin wird erzählt, ein Ehemann habe den nachbarlichen Hexengarten geplündert, um das Verlangen seiner Frau nach dem zarten Grün der Rapunzel-Glockenblumen zu befriedigen. Dabei sei er von der Hexe überrascht worden, die so zornig darüber war, daß sie sich heimlich mit dem Erstgeborenen des Ehepaares davonmachte und das Mädchen in einen Turm sperrte. Sie nannte das Mädchen Rapunzel, nach der Glockenblume *C. rapunculus*.

Die seltene *C. punctata* wurde 1813 aus Japan eingeführt. Im Gegensatz zur herkömmlichen blauen Farbe vieler Glockenblumen sind ihre röhrenförmigen Glocken cremefarben mit einer Beimischung von blassem Rosa. Im Innern zeigen die Glocken helle, mauvefarbene Flecken, die an die Zeichnungen des Fingerhuts erinnern. Die Blätter verfärben sich im Herbst oft rötlich. Die reizvollen Blüten sind fast 5 cm lang – eine stattliche Größe, wenn man bedenkt, daß die ganze Pflanze nur eine Höhe von 30 cm erreicht.

Eine andere asiatische Spezies – diesmal aus der Nordtürkei – wurde 1828 eingeführt: *C. latiloba* (syn. *C. grandis)* gehört zu den spektakulärsten Glockenblumen. Im Juni sind ihre steifen, 90 cm langen Stiele fast über ihre ganze Länge mit weit geöffneten, sternförmigen Blüten besetzt. Ein Horst dieser kräftig lavendelblauen oder weißen Blüten ist ein bezaubernder Anblick.

Die Spezies der Glockenblume gehen in die Hunderte, so daß es nicht erstaunt, daß es zu den aufrecht wachsenden Sorten auch niedrigere, kriechende Gegenstücke gibt. Eine der ersten kriechenden Arten, die in Gärten gezogen worden sind, war *C. carpatica*, die vor dem Beginn der amerikanischen Revolution in England eingeführt wurde. Ihr Name weist darauf hin, daß sie aus den Karpaten der heutigen Tschechoslowakei und Polens stammt, obgleich sie mitunter auch ›Türkische Glockenblume‹ genannt wird. Ihre hügeligen Kolonien, die nur 30 cm hoch werden, sind über mehrere Wochen im Sommer mit den blauen Glocken bedeckt, die für diese Gattung so typisch sind. Sie sind wertvolle Pflanzen für Beetränder und sonnige Böschungen.

Die schöne kriechende Glockenblume *C. poscharskyana* ist genau vor hundert Jahren aus Jugoslawien in unsere Gärten gelangt. Sieht man sie über Felsen wachsen und über Wege kriechen, glaubt man kaum, daß sie nicht schon immer ein Bestandteil des englischen Gartens gewesen ist. Die Hügel aus winzigen Blättern sind im Frühsommer kräftig lavendelblau. Diese Glockenblume kann man wie viele ihrer Artgenossen sich selbst überlassen; sie benötigt nur einen gewissen Freiraum, damit sie sich ausbreiten kann.

Glockenblumen geizen nie mit ihren Blüten, und es macht nur wenig Mühe, sie für ein üppiges Schauspiel zu gewinnen. Die meisten von ihnen bevorzugen halbsonnige Standorte und angemessene Wasserzufuhr, wie es auch andere Rabattenpflanzen – zum Beispiel Akelei und Maßliebchen – wünschen. Fast überall winterhart, sind sie auch nicht anfällig für Krankheiten und Ungeziefer. Viele ihrer Sorten verleihen jedem Garten etwas vom Charme der alten Zeit. Die höherwachsenden Spezies sind die Klassiker der Staudenrabatte. Es gibt kaum bessere Begleitpflanzen für dicke Kohlrosen oder für schnell verblühte Pfingstrosen. Glockenblumen sind völlig unprätentiös; wegen dieser Bescheidenheit haben sie Dichter und Gartenfreunde wohl so liebgewonnen.

UNTEN LINKS: Glockenblumen *(Campanula persicifolia)* bieten zusammen mit schwefelgelber Wolfsmilch *(Euphorbia seguierana)* einen immerwährend schönen Anblick. UNTEN RECHTS: Die Stengel der Glockenblume *C. latiloba* sind mit Blüten übersät. GEGENÜBER: Kriechende Glockenblumen *(C. poscharskyana)* nehmen dem Mauerwerk die Härte.

Streng genommen ist *Campsis radicans* eine rankende Pflanze, keine Staude, aber ihr spektakuläres Blütenschauspiel – ein so entscheidendes Merkmal des Sommergartens – erinnert so nachdrücklich an alte Zeiten, daß ihre Aufnahme in dieses Buch gerechtfertigt scheint. So wie Fliederhecken als Attribute des Mai gelten, so symbolisiert die Trompetenblume mit ihrer flammend scharlachroten Blütenpracht den Hochsommer. Sie ist überdies die charakteristische Rankpflanze alter viktorianischer Häuser des amerikanischen Mittelwestens. Über Pergolen, Säulen und unverputzte Mauern kletternd, breiten sich Trompetenblumen in alten Gärten mit wildem Ungestüm aus. Das muß nicht verwundern, da die Pflanze in vielen Staaten Mittelamerikas heimisch ist – von Illinois, Ohio und New Jersey bis hinunter nach Florida und in den Westen nach Texas. Man findet sie in der freien Natur am Rand von Wäldern, wo sie vor allem gerne über abgestorbene Bäume klettert oder sich am Boden entlangschlängelt, wenn keine Stütze vorhanden ist.

Als am Anfang des siebzehnten Jahrhunderts die ersten Siedler den Kontinent betraten, war die Spezies noch nicht besonders verbreitet. Aber das Auslichten der Wälder kam der sonnenliebenden Trompetenblume sehr zustatten, und heute findet man sie in den Hecken und an den Zäunen längs der Straßen. In manchen Gegenden ist sie auch aus den Gärten ausgebrochen und hat sich in der freien Natur ausgebreitet.

CAMPSIS RADICANS BIGNONIACEAE

Trompetenblume

John Tradescant der Jüngere soll die Trompetenblume bei einem Besuch in der Kolonie Virginia im Jahre 1637 entdeckt haben. Der Name *Campsis radicans* leitet sich aus dem griechischen Wort ›kampsis‹ ab, was soviel wie ›Krümmung‹ bedeutet und auf die vier gebogenen Staubgefäße der Blüten anspielt. Die nähere Bestimmung *radicans* bezieht sich auf die selbsthaftenden Luftwurzeln. Die Trompetenblume ist ein Mitglied der Familie Bignoniaceae und war früher als *Bignonia* bekannt. Vor dieser Zeit und ein paar Jahre nach Tradescants Besuch wurde sie unter dem Namen *Tecoma* nach England eingeführt.

Nach dem Besuch eines indianischen Dorfes des Nottoway-Stamms berichtete Colonel William Byrd – ein Plantagenbesitzer aus Virginia – 1728 von einer indianischen Prinzessin, die »sich selbst wie eine alte Römerin mit der Wurzel einer Trompetenblume vergiftete«. Der Vergleich konnte sich nur auf die Art ihres Todes beziehen, nicht auf die Ursache, die im alten Rom unbekannt gewesen sein dürfte. Abgesehen von einer möglichen Unverträglichkeit der Trompetenblume für das Vieh wird sie nicht als gefährliche Pflanze angesehen, obgleich sie natürlich auch nicht verzehrt werden sollte.

Ihre 8 cm langen, trompetenförmigen Blüten sind in Büscheln zusammengefaßt. Ungefähr acht bis zehn Blüten können an jedem Büschel gleichzeitig blühen. Die scharlachrote Farbe ist besonders kräftig am Trompetenrand, der sich in fünf zurückgebogene Segmente gliedert; der Trompetenschlund ist dagegen eher melonenfarbig. Die Varietät 'Flava' ist cremegelb. Die Hauptblütezeit liegt im Juli und im August, aber einzelne Blüten erscheinen noch bis in den Herbst hinein. Die Trompetenblumen können mit ihren Haftwurzeln, bei geeignetem Standort, bis zu einer Höhe von 9 m emporklettern. Die dunkelgrünen, glänzenden Blätter sind in der Regel aus neun bis elf Blättchen zusammengesetzt.

Die einzige andere Spezies, *C. grandiflora*, die aus China und Japan stammt, ist eine weniger starkwüchsige Kletterpflanze. Ihre ähnlich gefärbten Blüten haben eher Tassenform. Sie blüht im Juli und im August.

Die Trompetenblume überlebt viele Generationen. Ihr Standort sollte wie der der langlebigen Paeonie sorgfältig überlegt werden. Sie gedeiht am besten in einem fruchtbaren, gut durchlässigen Boden und in der Sonne. Trompetenblumen benötigen genügend Raum, um sich nach Belieben über eine Mauer oder einen Zaun ausbreiten zu können. Für Holzgerüste, die hin und wieder gestrichen werden müssen, sind sie in der Regel ungeeignet. Zwicken Sie die Triebspitzen neuer Pflanzen ab, damit sie sich möglichst an der Basis verzweigen. Die jungen Pflanzen müssen am Anfang abgestützt werden, bis sie ihre Haftwurzeln entwickelt haben. Sie brauchen mehrere Jahre bis zur Blüte und noch ein paar Jahre mehr, bevor sie sich in voller Schönheit entfalten. Trompetenblumen sind ausgesprochen genügsam und haben selten ernsthafte Krankheiten oder Probleme mit Ungeziefer. Im Frühjahr können sie durch Wurzelteilung oder Stecklinge vermehrt werden. Falls gewünscht, sollten sie im Spätwinter beschnitten werden, bevor sie neu austreiben. Wenn keine Stützen zur Verfügung stehen, kann man die Pflanzen als Büsche oder Hecken ziehen.

Die Blüten locken Bienen und Kolibris an. Die Pflanze findet teils deshalb nicht bei allen Leuten Anklang. Einmal bewunderte ich eine Trompretenblume an einem Gartenzaun. Daraufhin bot der Besitzer mir eine Schaufel an: Ich solle sie nur mitnehmen, sie gefiele ihm nicht, da sie zuviele Bienen anlocke.

Ein schönes Exemplar einer Trompetenblume *(Campsis radicans)*, die Ende Juli in voller Blüte steht, schmückt ein Haus im Mittleren Westen aus später viktorianischer Zeit. Diese großartige Pflanze wurde hier nicht wie eine Kletterpflanze, sondern mehr wie eine aufrechte Hecke gezogen. GEGENÜBER: Ein Kranz aus röhrenförmigen Blüten der Trompetenblume krönt einen stoischen Marmorlöwen.

CENTRANTHUS RUBER VALERIANACEAE
Spornblume

Centranthus ruber, der allgemein als Spornblume bekannt ist, wird schon so lange in England gezogen, daß sich die Umstände, unter denen er zu uns gelangt ist, im Dunkel der Zeiten verlieren. Es ist möglich, daß die Römer diese in der Mittelmeerregion heimische Pflanze entweder absichtlich oder zufällig als Samen mitgebracht haben. Der manchmal auch mit ›K‹ geschriebene Name leitet sich von den griechischen Worten ›kentron‹ (Sporn) und ›anthos‹ (Blume) ab und spielt auf die kleinen Sporne am Ansatz der Blüten an. Die Spornblume gehört zur Familie der Baldriangewächse.

Gerard schrieb: »Sie blüht reichlich in meinem Garten, dient ihm als Zierde und ist in England wenig bekannt.« Sie ist trotzdem in vielen Gegenden schnell heimisch geworden, vor allem in Südengland und in Irland. Sie hat sich zu einer malerischen Mauerpflanze entwickelt, wie es von William Hanbury, einem Geistlichen und passionierten Gartenfreund, im Jahre 1770 beschrieben wurde: »Sie erscheinen in den Ritzen alter Mauern und Gebäude; so werden sie oft absichtlich zwischen die Steine von Ruinen, Grotten usw. gesetzt. Sie wachsen und blühen üppig und bieten fast den ganzen Sommer über einen schönen Anblick.« Wenn sie sich einmal angesiedelt hat, überlebt sie in scheinbar unmöglichen Verhältnissen. Ich erinnere mich an eine Steinmauer in einem Dorf nahe von Chipping Campden in den Cotswolds, die ungefähr 3,50 m hoch und an die 60 m lang war. Große

Die Spornblume *(Centranthus ruber)* wächst in den Spalten alten Felsgesteins. GEGENÜBER: *C. ruber* blüht hier zusammen mit der Rose 'Parkdirektor Riggers'. VIGNETTE: Echter Baldrian *(Valeriana officinalis)*.

Wogen aus scharlachrotem, korallenfarbenem und weißem *Centranthus* bedeckten nahezu die ganze Mauer.

Von dem ersten weißen Sämling berichtete ein Gärtner aus Essex im Jahre 1604. Die tief kupferrote Varietät 'Atrococcineus' ist übrigens besonders eindrucksvoll. Die Sämlinge können unterschiedlich ausfallen, und weiße Formen sind nicht ungewöhnlich. Spornblumen können sich gewaltig selbst aussäen, wenn ihre verblühten Blütenköpfe nicht entfernt werden. Die jungen Pflanzen sind aber eigentlich immer willkommen, da sie die Angewohnheit haben, sich stets die ästhetisch wirkungsvollsten Plätzchen auszusuchen. Spornblumen leben nicht sehr lang – fünf Jahre nach realistischer Einschätzung –, so daß es immer gut ist, wenn genügend neue Pflanzen nachwachsen. Wie sich aus ihrer Angewohnheit, von Klippen herabzuhängen, leicht schließen läßt, wachsen sie am liebsten in der Sonne in einem gut durchlässigen Boden. Sie geben sich aber auch mit ganz gewöhnlichen Plätzen auf der Erde zufrieden, zum Beispiel mitten in einem Blumenbeet. Spornblumen blühen lange; ihre runden, duftigen Blütenköpfe erheben sich an 60 – 120 cm langen Stielen. Ihre eindrucksvolle Farbe, die sich vielleicht am besten als dunkles Korallenrosa beschreiben läßt, sollte möglichst von rosenroten und magentaroten Blumen getrennt gehalten werden, harmoniert aber gut mit der Teerose 'Peace', deren maisgelbe, seidige Blütenblätter korallenfarben angehaucht sind. Die reinweißen Blüten der Lichtnelke *Lychnis coronaria* 'Alba' verstärken noch den Korallenfarbton von *Centranthus*, und auch das graue Laub der Lichtnelke ergänzt die blaugrünen Blätter der Spornblume wunderbar.

Centranthus besitzt keine heilenden Eigenschaften. Die Samen wurden jedoch vor langer Zeit zum Einbalsamieren der Toten verwendet, und einige, die von einem Leichentuch aus dem zwölften Jahrhundert stammten, sollen von wißbegierigen Botanikern im neunzehnten Jahrhundert zum Keimen gebracht worden sein.

Die Heilpflanze der Familie ist der Baldrian, *Valeriana officinalis*. Nach seiner Einführung aus Mitteleuropa wurde er schon seit dem sechzehnten Jahrhundert in England gezogen. Sein Gattungsname stammt von dem lateinischen Wort ›valere‹ ab, was ›kräftig, gesund sein‹ bedeutet. Baldriantee wurde zur Beruhigung der Nerven verabreicht. Mit dem aus den Wurzeln ausgepreßten Saft behandelte man Epileptiker oder Kranke, di vom Veitstanz besessen waren. Thomas Jefferson hat über seine Heilkräfte geschrieben. Baldriantee wurde als Beruhigungsmittel nach Luftangriffen während des Ersten Weltkrieges verwendet.

Spezies der *Clematis* sind in gemäßigten Klimazonen überall auf der Welt gefunden worden. Der Name leitet sich von dem griechischen Wort ›klema‹ ab, und ›klematis‹ war Dioskorides' Bezeichnung für ein Rankgewächs mit dünnen Zweigen. Im Mittelalter sollen sich die Bettler den Saft in selbst beigebrachte, nur oberflächliche Verletzungen gerieben haben, um die Wirkung schreckenerregender Wunden hervorzurufen und großzügigere Almosen zu bekommen. Die Wurzeln wurden getrocknet und als Haarwuchsmittel verwendet, und die Indianer behandelten Fiebererkrankungen mit der Rinde der Clematis.

Unter der typischen *Clematis* versteht man gewöhnlich eine großblütige Kletterpflanze; die Gattung umfaßt aber ganz unterschiedliche Arten. Die aufrechten oder buschigen Typen werden seit vielen Jahren in Staudenrabatten gezogen. Die nicht rankende Clematis stirbt jeden Winter bis zum Boden ab.

Wie die rankenden Arten können auch die nichtrankenden in solche mit glockenförmigen Blüten und solche mit gespreiten Blütenblättern unterschieden werden. An erster Stelle der erstgenannten steht die *C. integrifolia*. Der spezifische Beiname bezieht sich auf die dünnen, ungeteilten Blätter, obgleich die Gartenfreunde weit mehr an den violettblauen Blüten interessiert sind. Die nikkenden, mit vier Blütenblättern ausgestatteten Blüten hängen elegant von den 60 cm hoch wachsenden Pflanzen herab. In ihrer Heimat in Südeuropa haben die Pflanzen die Tendenz, sich in alle Richtungen auszubreiten, so daß es von Vorteil ist, wenn man ihnen ein Gerüst aus Buschwerk und Zweigen gibt, durch das sie sich winden und an dem sie Halt finden können. Die 5 cm großen Blüten mit pergamentfarbener Mitte besitzen anmutig in sich gewellte Blütenblätter. Sie werden von einem Gewirr fedriger Samenstände abgelöst. Die ganze Pflanze hat ein flaumiges Aussehen dank ihrer feinen Härchen.

C. integrifolia wird seit 1573 in englischen Gärten gezogen. Die Tradescants haben sie als »die größte ungarische Kletterpflanze mit blauen Blüten« bezeichnet. Joseph Breck zog sie schon 1850 in Boston.

Eine in China heimische Varietät, zuerst *Clematis davidiana* genannt, wurde

1867 von dem Abbé Armand David, einem französischen Missionar, entdeckt, den seine Reisen in die entferntesten Gebiete der Inneren Mongolei geführt haben. Sie trägt heute den Namen *C. heracleifolia.* Der lateinische Name bezieht sich auf die Ähnlichkeit ihrer Blüten mit denen des Herkuleskrautes, *Heracleum.* Die Pflanzen, die manchmal an der Basis holzig sind, erreichen eine Höhe von 90 cm und mehr. Über den gezähnten Blättern, die in Dreiergruppen zusammenstehen, erheben sich im Spätsommer duftende, blaßblaue Blütenbüschel, die an Hyazinthen erinnern. Die einzelnen Blüten, die ungefähr 2,5 cm lang sind, haben vier zurückgebogene Kelchblätter oder Blütenblätter. Die von Pater David gefundene Varietät 'Davidiana' zeichnet sich durch eine ihre charakteristische Farbe – ein typisches Wedgewood-Blau – aus.

Clematis recta unterscheidet sich von den beiden anderen Arten durch ihre weit geöffneten Blüten, die einen anschauen. Diese in Frankreich und Deutschland heimische Spezies wurde im Jahre 1573 eingeführt. Die großen weißen Blütenrispen wachsen an Stielen, die gewöhnlich eine Höhe von 90 cm erreichen, in nährstoffreichem Boden aber bis zu 1,20 m hoch werden können. Gertrude Jekyll, die die Blütenfarbe als »schaumweiß« charakterisiert hat, gesellte sie gerne zu blauem Rittersporn. Diese Spezies mit ihren süß duftenden Blüten wurde früher in Mengen für den Schnittblumenhandel gezogen, findet heute aber bei den Floristen leider keinen Anklang mehr. Um 1860 wurde von einer seltenen, gefüllten Form berichtet, und eine Varietät mit purpurgetöntem Laub war schon 1772 bekannt. Ihre Blüten werden später von silbernen Samenständen abgelöst.

Trotz ihres Charmes und ihrer hohen Wertschätzung bei Pflanzenfreunden früherer Zeiten sind die buschig wachsenden Clematisarten heute nur selten zu finden, während die kletternden Arten und Hybriden sich allgemeiner Beliebtheit erfreuen. Im Garten können *C. integrifolia* und *C. heracleifolia* 'Davidiana' leicht in ein blaues Farbspektrum eingefügt werden. Die blauen Glocken bilden auch mit Taglilien, Rosen und Ehrenpreis eine harmonische Einheit. Sie sind fast überall winterhart und profitieren von sonnigen Lagen. Wie alle Mitglieder dieser Gattung benötigen sie einen alkalischen Boden, was bedeutet, daß ein Gartenbesitzer einen sauren Boden mit Kalk anreichern sollte. Clematis können durch Stecklinge oder Samen vermehrt werden, obgleich beide Methoden ein gewisses technisches Können voraussetzen. Die Samen brauchen häufig einige Wochen Frost, damit sie besser aufgehen. Die Sämlinge sollten im ersten Winter sorgfältig geschützt werden.

CLEMATIS RANUNCULACEAE
Clematis, Waldrebe

CLEMATIS HERACLEIFOLIA
CLEMATIS INTEGRIFOLIA *CLEMATIS RECTA*

LINKS: Die nickenden violetten Blüten der *Clematis integrifolia* zeigen sich hier an freistehenden Stielen, obgleich sie in der Regel eine kleine Stütze benötigen. VIGNETTE GEGENÜBER: *Clematis heracleifolia* 'Davidiana' trägt Büschel duftender Blüten.

Crucianella stylosa ist 1836 aus dem heutigen Iran in unsere Gärten gelangt. Sie ist ein Mitglied der Familie Rubiaceae, der Krappfamilie, die so völlig unterschiedliche Pflanzen einschließt wie Gardenien, Kaffee und den Baum, aus dem Chinin gewonnen wird. Der lateinische Name leitet sich aus ›crux‹ ab, ›Kreuz‹, und ›stylosa‹, was auf die auffälligen ›Griffel‹, die Staubfäden, zu beziehen ist, die aus den Blüten weit hervortreten. Obgleich sie im Englischen den gewöhnlichen Namen ›Crosswort‹ (Kreuzwurz) trägt, ist sie keine gewöhnliche Pflanze. Vielleicht ist sie wegen ihres schwer einprägbaren alten Namens in den Hintergrund getreten; früher wurde sie als *Phuopsis stylosa* bezeichnet.

Der moderne Garten beherbergt Blumen aus den entferntesten Winkeln der Erde. Trotzdem wären die meisten Gärtner in Verlegenheit, sollten sie eine Pflanze in ihrem Garten benennen, die aus dem Iran stammt. Vielleicht fügt sich die Crucianella besonders gut ein, weil ihre Blütenköpfe wie kleine Ausgaben des *Centranthus,* der bekannten Spornblume, aussehen. Sogar ihre Farbe, ein blasses Korallenrosa, erinnert an die Spornblume.

Die Crucianella bildet mattenartige Hügel von 20 bis 30 cm Höhe. Ihre Stiele sind mit Quirlen aus kurzen dünnen Blättern bedeckt. Jeder Stiel wird im Juni von einem runden Blütenkopf gekrönt, der fast den ganzen Sommer lang blüht. Die winzigen, sternförmigen Blüten stehen in dichten Büscheln zusammen. Ihr zarter Duft wird nach einem Regenguß intensiver.

Der Wert der Crucianella liegt in ihrer Fähigkeit, andere, spektakulärere Blumen zur Geltung zu bringen und harmonisch miteinander zu verbinden. Ihr Farbton ist intensiver als die Rosatöne von Nelken oder Malven. Sie bildet einen schönen Kontrast zu dunkelpurpurfarbenen Blumen. Die Crucianella kann als Einfassung verwendet oder in die vorderste Reihe von Staudenrabatten gesetzt werden, um den harten Übergang zum Pflaster abzumildern. Sie kann auch sehr gut

CRUCIANELLEA STYLOSA
RUBIACEAE
Crucianella

die Rolle eines Bodendeckers übernehmen. Sie gedeiht im Steingarten und sorgt im Sommer für Farbe.

Die Crucianella stellt keine großen Ansprüche. Sie gedeiht in fast jedem Boden im Halbschatten oder in der Sonne und gibt sich mit einer durchschnittlichen Wassermenge zufrieden. Sie ist nicht anfällig für Krankheiten oder Ungeziefer. Ihre Laubmatten breiten sich langsam über eine breite Fläche aus. Neue Pflanzen können durch Samen, Stecklinge oder durch Teilung erlangt werden.

Crucianella stylosa verleiht einer Staudenrabatte Leben. Ihre kräftig rosafarbenen Blüten passen wunderbar zu Lavendel *(Lavandula angustifolia)*, Frauenmantel *(Alchemilla mollis)* und Salbei *(Salvia superba)*. GEGENÜBER: *C. stylosa* und Edelweiß *(Leontopodium alpinum)* quellen aus einem Vogelhäuschen. VIGNETTE GEGENÜBER: Den herausragenden ›Griffeln‹ verdankt die Spezies ihren Namen.

ERIGERON COMPOSITAE
Feinstrahl, Berufkraut

ERIGERON KARVINSKIANUS
ERIGERON SPECIOSUS

Erigeron ist eine Gattung von Blumen, die sehr den Gänseblumen ähneln und in der ganzen Welt vorkommen. Die botanische Bezeichnung ist verwirrend, da sie sich aus den griechischen Wörtern ›eri‹ (früh) und ›geron‹ (alter Mann) ableitet. ›Alter Mann im Frühling‹ spielt vielleicht auf den Flaum an, der sich zu Beginn der Saison auf den Blättern bildet. Eine der nordamerikanischen Spezies, *E. annuus*, ist eine in Europa heimisch gewordene Wildpflanze. Ihre Samen wurden in einem ausgestopften Vogel von einem Ozeandampfer nach Europa gebracht.

Die Blüten des Feinstrahls haben gelbe Mitten und sehr schmale Blütenblätter, sogenannte Strahlenblütchen. Sie sind eng mit den mehrjährigen Herbstastern (›Michaelmas daisies‹) verwandt. Die Astern haben gewöhnlich eine einzige Reihe Strahlenblütchen im Gegensatz zu den zweireihigen Feinstrahlen, die schon vor dem St. Michaelstag am 29. September zu blühen beginnen.

Der spektakulärste Feinstrahl, *E. speciosus*, wurde von David Douglas in der Nähe von Fort Vancouver entdeckt und gab sein Debut als Gartenblume im Jahre 1826. Seine Blüten haben einen blaßrosa angehauchten Lavendelton, obgleich selektierte Formen einen kräftigeren Farbton aufweisen können. Sie blühen an 60 cm langen Stielen und breiten sich gleichmäßig in alle Richtungen aus. *E. formosissemum*, in den Rocky Mountains und den Black Hills heimisch, ist ähnlich, wird aber nicht so hoch und hat einen weniger straffen Wuchs.

Feinstrahl *(Erigeron speciosus)* quillt über einen Weg. UNTEN: *Erigeron karvinskianus* hat sich im Mauerwerk ausgesät. GEGENÜBER: Eine Kolonie des Feinstrahls *Erigeron speciosus* blüht im Juni in einem Steingarten.

Der zierliche *E. karvinskianus* (syn. *E. mucronatus)* ist eine in Mexiko und Panama heimische Spezies, die eine erstaunliche Anpassungsfähigkeit an kälteres Klima gezeigt hat. Die Spezies wurde nach dem Baron von Karwinski aus München benannt, der in der Mitte des neunzehnten Jahrhunderts ausgedehnte Reisen nach Mittelamerika unternommen hat. Man könnte sie als ein entzückendes Unkraut bezeichnen, daß die Fähigkeit besitzt, den ganzen Sommer über ununterbrochen zu blühen. Jede einzelne Blüte hat einen Durchmesser von weniger als 2,5 cm und wächst an einem 23 cm langen Stiel. Die Blütenstrahlen öffnen sich weiß, färben sich allmählich rosa und nehmen am Ende einen weinroten Farbton an. *E. karvinskianus* sät sich selbst in Mauern und Steinspalten aus. Christopher Lloyd, in dessen Garten in Great Dixter in East Sussex sich dieser winzige Feinstrahl in Mengen ausgebreitet hat, schreibt über seine einfache Pflege: »Wir schneiden die Pflanzen zu Beginn des Frühlings zurück, damit sie wieder ordentlich aussehen, und schon geht es wieder los mit den weißen ›Gänseblümchen‹, die sich allmählich rosa färben. Sie wachsen in jeder Mauer, Treppensteigung und Pflasterspalte.«

Feinstrahle lassen sich problemlos ziehen. Sie brauchen einen ganz normalen Gartenboden und müssen nur mäßig gegossen werden, da sie zu starke Nässe nicht vertragen. Sie fühlen sich in einer nach Osten ausgerichteten Lage am wohlsten, da sie nur ungern in der Mittagssonne stehen. Bekommen sie aber zuviel Schatten, blühen sie nur spärlich und lassen ihre Stiele schlaff herunterhängen. Die prächtigeren Feinstrahle sind winterhart, während *E. karvinskianus* etwas unzuverlässig ist. Da er aber schon im ersten Jahr nach der Aussaat blüht, ist er wegen mangelnder Winterhärte kaum abzulehnen.

Eryngium ist eine faszinierende, wenn auch vewirrende Gattung von Blumen, von denen viele für den Garten, für Gestecke und Sträuße und zum Trocknen gut geeignet sind. Es gibt ein Gewirr von Spezies und Hybriden, aber alle haben distelartige Blüten von zum Teil außergewöhnlich schönem metallischen Glanz. Die englische Stranddistel, *E. maritimum,* erfreut sich seit der Zeit der Angelsachsen großer Wertschätzung. Die Wurzeln dieser Meerdistel wurden als Heilmittel bei einer Vielzahl von Krankheiten und Verletzungen verwendet, einschl. Schlangenbissen, Knochenbrüchen, Dornen im Fleisch und Abszessen im Ohr. Culpeper, der sich als Chiropraktiker versuchte, hat die Wurzeln »denjenigen, die ihren Hals verdreht haben und ihn nicht mehr gerade bekommen können, ohne dabei den ganzen Körper umzudrehen« verschrieben. Die Wurzeln wurden zum Verzehr kandiert; sie sollten aphrodisische Eigenschaften haben. Falstaff vergleicht sie in *Die lustigen Weiber von Windsor* mit »Kußplätzchen«. Gerard empfahl die kandierten Wurzeln »Leuten, die kein Liebesverlangen haben, älteren Menschen zur Kräftigung und Wiederherstellung und jüngeren zur Besserung natürlicher Schwächen.« Die Stadt Colchester in Essex war schon 1650 für ihre kandierten Wurzeln berühmt, und sie wurden bis zum Anfang des neunzehnten Jahrhunderts dort hergestellt.

Die Stranddistel sieht man selten in Gärten, obwohl ihre stahlblauen Blüten und grauen Blätter dort durchaus einen

ERYNGIUM UMBELLIFERAE
Edeldistel

ERYNGIUM GIGANTEUM

ERYNGIUM MARITIMUM
Stranddistel

ERYNGIUM PLANUM

Eryngium planum und silbernes Heiligenkraut *(Santolina chamaecyparissus)* unterstreichen die leuchtende Farbigkeit von Hahnenkamm und Kosmeen. OBEN: *Eryngium giganteum* glänzt auf, wenn es mit blauen Ochsenzungen *(Anchusa azurea)* und Margeriten kombiniert wird. VIGNETTE: Die Stranddistel *(E. maritimum).* GEGENÜBER: Ein Blick von oben auf die Edeldistel *Eryngium giganteum* läßt ihre Symmetrie erkennen.

Zweige mit kleinen, stahlblauen Blütenkegeln der Edeldistel *Eryngium planum* verleihen diesem zwanglos gestalteten Arrangement aus Goldrute *(Solidago canadensis)* und weißen kugelförmigen Blüten der Hortensie *Hydrangea arborescens* 'Annabelle' die nötige Textur. GEGENÜBER: Eine Hybride der Edeldistel *Eryngium alpinum* wurde hier absichtsvoll an den Wegrand gesetzt, damit man die stachligen Hüllblätter der einzelnen Blüten aus nächster Nähe betrachten kann.

Platz verdienten. Die dicken Blätter verhindern Wasserverlust und schützen die Pflanze vor der Gischt des Meeres. Sie ist bei weitem nicht so alltäglich wie in der Vergangenheit. Generationen von Strandwanderern haben sie systematisch ausgerissen, um sich ihre nackten Füße nicht an den dornigen Blättern zu verletzten. Mit einer Höhe von nur 30 cm ist sie wahrscheinlich von den höheren Spezies verdrängt worden.

E. alpinum, die aus den gebirgigen Gegenden Europas stammt, wurde schon 1597 gezogen. Ihre blauen, den Wilden Karden ähnlichen Blütenkegel sind von unregelmäßig gezackten, stachligen Segmenten des Blütenkelchs umgeben. *E. planum* ist ungefähr zur gleichen Zeit aus Osteuropa eingeführt worden. Die ganze Pflanze ist mit einem blaugrünen Farbton überzogen, und die kleinen Blütenbüschel eignen sich vorzüglich zum Schneiden. Beide Spezies werden 90 cm hoch.

Die dekorativste Edeldistel, die aus dem Iran und dem Kaukasus stammt, trägt den passenden Namen *E. giganteum.* Ihre großen, meergrünen oder graublauen Blütenkegel, die von stachligen Brakteen umgeben sind, haben einen silbernen Glanz und sind in symmetrischen Büscheln angeordnet. Diese Edeldistel bringt ihre Blüten an steifen, 90 cm hohen Stielen hervor. Sie ist kurzlebig, oft nur einmal fruchtend, d.h. sie stirbt nach der Blüte ab, obgleich sie sich selbst reichlich aussät und schnell wächst.

Die sehr alte Hybride *E. x oliveranum* wurde schon 1730 gezogen und war später eine Lieblingspflanze von Gertrude Jekyll. Ihre Herkunft steht nicht genau fest, obgleich man annehmen kann, daß *E. alpinum* an der Kreuzung beteiligt war. William Robinson war mit Recht überschwenglich in seinem Urteil über diese Distel: »Die Stiele in ihren lebhaften stahlblauen Farbtönen sind von einzigartiger Schönheit ..., die Brakteen der Blüten sind noch leuchtender in der Farbe, so daß ihre Wirkung kaum übertroffen werden kann.« Sie ist eine der wenigen Pflanzen, die wegen ihrer schönen Stiele die Aufmerksamkeit auf sich ziehen. Die fein gezähnten Blätter, die an die geschlitztblättrigen Ahorne erinnern, haben einen olivgrünen Farbton, der die Wirkung der blauen Spitzenkragen um die Blütenkegel noch unterstreicht.

Für Gartenfreunde, die an leuchtende Dahlien oder Petunien gewöhnt sind, kann die Edeldistel eine Herausforderung sein. Stellen Sie sich vor, wie ihre Blüten vor einer Masse von Schleierkraut oder Meerkohl im Licht glitzern werden. Alle weißen Blumen, ob nun Gänseblümchen oder Lilien, profitieren von der Gemeinschaft mit Edeldisteln. Sie sehen besonders schön zusammen mit blaßrosa Blütenbüscheln der Rose 'The Fairy' aus, können aber auch in Verbindung mit kräftigeren Farben wie Karmesinrot, Orange oder Magentarot schöne Wirkungen erzielen.

Edeldisteln gedeihen in offenen, sonnigen Gärten in gut durchlässigen Böden, obgleich sie sich auch mit einem nährstoffarmen, steinigen Boden zufrieden geben können. Sie haben sich beinahe überall als winterhart erwiesen, es sei denn, sie stünden in einem zu nassen Boden, in dem ihre Wurzeln zu faulen beginnen. Sie blühen im Juni und Juli und lassen sich gut trocknen, wenn man sie frühzeitig abschneidet.

Der botanische Name der Edeldistel leitet sich im übrigen von griechisch ›eryngion‹ ab, wonach sie eine Pflanze ist, die Verdauungsstörungen und Blähungen heilt.

GENTIANA LUTEA
GENTIANACEAE
Gold-Enzian

Das Wort ›Enzian‹ weckt in uns Bilder von kräftig blauen Trompetenblüten in den Bergen, läßt uns aber niemals an eine Blume in einem gelben Farbton denken. Dennoch gehört der Gold-Enzian, *Gentiana lutea,* zu den ersten Blumen dieser Gattung, die im Garten Platz gefunden haben. Gentius, der König von Illyrien (einem Teil des heutigen Jugoslawien), hat um 500 v.Chr. als erster die Heilkräfte ihrer Wurzeln entdeckt, und die Pflanze trägt deshalb seinen Namen. In Wahrheit verwendeten die Ägypter den Gold-Enzian schon tausend Jahre früher; Rezepte auf Papyrosrollen wurden nämlich in einem Mumiengrab in Theben entdeckt. Der Enzian war im Verlauf der Geschichte immer eine geschätzte und wirksame Heilpflanze.

Er wurde in England zuerst von Gerard eingeführt, der ihn um 1600 von einem befreundeten Apotheker auf dem Kontinent erhalten hatte. Jeder machte für ihn Propaganda.

Gartenfreunde von heute schätzen den Gold-Enzian als Zierde ihres Junigartens. Die 1,20 m hohen Blütenstiele erheben sich aus eindrucksvollen Rosetten gewellter, glänzender Blätter. Die gelben Blütenbüschel sind in Quirlen angeordnet. Dabei sitzen die sternförmigen Blüten, jede mit einem herausragenden olivgrünen Stempel versehen, in einem ›Becher‹ aus großen grünen Brakteen.

GEGENÜBER: Die sternförmigen Blüten des Gold-Enzians werden von hüllenden Blättern unterfangen, die in gleichmäßigen Abständen entlang der Stiele angeordnet sind. Im Boden stecken die kräftigen Wurzeln, die zu Enzianschnaps verarbeitet werden können.

OBEN: Die 90 cm hohen Stiele des Gold-Enzians *(Gentiana lutea)* werden von einer Fülle porzellan-blauer Blüten der Pfirsichblättrigen Glockenblume *(Campanula persicifolia)* eingerahmt.

Aus einer gewissen Entfernung entsteht durch die Kombination von gelben Blüten und grünen Brakteen eine Wirkung von Gold. Auch die dünnen Blütenknospen haben einen Goldton. Die aufragenden dekorativen Blütenstiele sind leuchtende Akzente in der Rabatte. Wenn die Blüten verwelkt sind, können die Samenstände getrocknet werden.

Obgleich die Enziane als launisch gelten, läßt sich *G. lutea* verhältnismäßig problemlos ziehen. Der Boden sollte nährstoffreich und der Standort sonnig sein. Er wird durch Samen vermehrt, und beim Umpflanzen sollte man behutsam vorgehen, da die Wurzeln der jungen Pflanzen nicht verletzt werden dürfen. Eine gute Entwässerung ist vor allem im Winter notwendig. Was die Winterhärte anbetrifft, so sind sie verhältnismäßig widerstandsfähig. Nur wirklich eiskalte Winter sind gefährlich. Eine Mulchschicht aus Stroh oder eine Decke aus immergrünen Zweigen kann dazu beitragen, die Austriebsstellen zu schützen. Erfolge sind aber keineswegs garantiert. In der Blumensprache der Viktorianer ist der Gold-Enzian ein Symbol für Undankbarkeit, »da er so oft unter der Obhut der Gärtner eingeht«.

G. lutea wird immer noch kommerziell gezogen. Seine Wurzeln, die wie Rüben geformt sind und bis zu 11,5 kg wiegen, werden im Herbst ausgegraben, getrocknet und zu Enzianschnaps verarbeitet, der den Appetit anregen und die Magensäfte stimulieren soll.

Geranium ist eine an vielfältigen Arten reiche Gattung von winterharten Stauden. Sie sollten nicht mit ihren entfernten Verwandten verwechselt werden, die unsere Fensterbretter und Parks während des Sommers schmücken und die eigentlich Pelargonien heißen. Irgendwann haben die Sommerpflanzen in der Volkssprache den Namen an sich gerissen, und es ist unwahrscheinlich, daß sie ihn jemals wieder aufgeben. Damit jede weitere Verwechslung vermieden wird: die echten *Geraniumarten* werden wegen ihrer langen, dünnen Samenstände gewöhnlich Storchschnabel genannt.

Viele der kultivierten Spezies sind in England heimisch oder wurden sehr früh vom Kontinent oder aus Amerika nach England eingeführt. Der heimische Wiesenstorchschnabel, *G. pratense*, war Gerard als ›Crowfoot Crane's-bill‹ oder ›Gratia Dei‹ bekannt, eine verbreitete altenglische Bezeichnung, die von dem deutschen Namen ›Gottesgnade‹ herstammt. Dieser wiederum leitet sich aus dem älteren Namen ›Odin's Grace‹ ab, womit die höchste Gottheit der altnordischen Mythologie gemeint ist. (Odin oder Wotan war der Gott der Künste und der Kultur, aber auch des Krieges und der Toten.) Die Normannen nannten den Storchschnabel ›Bassinets‹, was schalenförmige Blüte bedeutet. Die Leute

Geranium endressii ist in einem zwanglos gestalteten Cottage-Garten heimisch geworden. GANZ LINKS: Magentarote Blüten des Storchschnabels *G. psilostemon* vor wildem Färberindigo *(Indigofera tinctoria)* und Ritterspornhybriden. MITTE: Der gleiche Storchschnabel in üppiger Entfaltung. VIGNETTE: Wiesenstorchschnabel *(Geranium pratense)*.

GERANIUM GERANIACEAE

Storchschnabel

GERANIUM ENDRESSII

GERANIUM MACULATUM

GERANIUM PRATENSE Wiesenstorchschnabel

GERANIUM PSILOSTEMON

GERANIUM SANGUINEUM Blutroter Storchschnabel

auf dem Lande haben ihn liebevoll ›Loving Andrews‹ genannt.

In Island wurde aus den Blüten eine blaugraue Farbe gewonnen. Leider weiß man heute nicht mehr, wie diese Farbe, ein Vorläufer des Marineblaus, hergestellt wurde. Tradescant hat den purpurblütigen Wiesenstorchschnabel, *G. pratense*, aus Archangelsk, einem russischen Seehafen am Weißen Meer, mitgebracht – er hatte nicht bemerkt, daß er auch in nördlichen Teilen Englands wächst –, und wahrscheinlich wurde aus dieser Pflanze, die er *Geranium flore serulle* nannte, die erwähnte Farbe hergestellt. Die Blüten einer neuen Form dieser Spezies, 'Striatum', sind mit blaßpflaumenfarbenen Streifen und Flecken auf einem perlweißen Hintergund gezeichnet. Gerard und Parkinson haben diese seltene gestreifte Varietät gezogen, die später ›Queen Anne's Needlework‹ genannt wurde.

Der schöne heimische Storchschnabel *G. sanguineum* wurde Blutroter Storchschnabel genannt, und zwar nicht wegen seiner auffallenden, kräftig dunkelrosa Blüten, sondern wegen seiner Verwendung als Heilkraut für Wunden.

Die winterharten *Geranium*arten waren Lieblingspflanzen von William Robinson, der die viktorianische Sommerbeetbepflanzung mit den ›anderen‹ Geranien verabscheute. Ihr größter Charme liegt in der Einfachheit und der Fülle ihrer Blüten.

Mit ihren entzückenden Blüten, ihrem schönen Laub und ihrer bereitwilligen Natur empfehlen sie sich auch dem modernen Gartenbesitzer. Diese alten Blumen passen vorzüglich in die moderne Vorstellung von Bodendeckern. Wenn man die stärkstwüchsigen Arten, die hervorragend Unkraut unterdrücken, sich frei entwickeln läßt, überziehen sie große Flächen mit einem dichten Teppich. Bei gut überlegter Auswahl – und sie ist groß – kann es gelingen, die ganze Saison über blühende Varietäten im Garten zu haben. Alle Arten wachsen problemlos, ohne daß man ihnen viel Aufmerksamkeit schenken müßte, in der Sonne oder im Halbschatten. Sie sind aber nicht gerne allzu starker Sonnenhitze ausgesetzt. In Gärten, in denen die heiße Sommersonne Backofenhitze auf den Beeten erzeugt, muß für reichlich Wasser gesorgt werden.

G. macrorrhizum ist 1578 aus Südeuropa eingeführt worden. Im Spätfrühjahr bilden die Blüten in blassem Rosa einen schönen Kontrast zu den fünflappigen, aromatischen Blättern. Diese problemlose, starkwüchsige Pflanze unterdrückt zuverlässig alles Unkraut. Ihr Herbstlaub färbt sich häufig rot. Die Horste werden 30 cm hoch und breiten sich über eine Fläche von 60 cm aus. Die amerikanische Spezies *G. maculatum* hat zum ersten Mal im Jahre 1732 englische Gärten geschmückt. Ihre 60 cm hohen Horste aus geteilten Blättern bekrönen Blüten in einem reinen Lila.

Aus den Pyrenäen wurde 1812 der kostbare Storchschnabel *G. endressii* eingeführt. Die Gartenfreunde lieben ihn wegen seiner langen Blütezeit. Zu seinen silbrig rosafarbenen Blüten, von einem feinen roten Rand eingefaßt, treten hellgrüne, butterblumenartige Blätter, die in milderen Gegenden immergrün sind. Seine dichten Blatthügel von 60 cm Durchmesser erreichen eine Höhe von ungefähr 45 cm. Die Blüten der Varietät 'Wargrave Pink' sind lachsfarben getönt. Arthur Johnson fand, daß »sie starkwüchsige Pflanzen und von so bewundernswerter Energie sind, daß sie bei uns überall wachsen, in der Sonne oder im Schatten, im Gras oder in der Rabatte.«

Eine andere Schönheit aus dem Gebirge, *G. himalayense*, ist um 1880 aus Sikkim in Nordindien zu uns gekommen. Ihre violettblauen, fein geäderten Blüten erscheinen im Frühsommer. Da ihre fein eingeschnittenen Blätter nur fußhohe Hügel bilden, ist *G. himalayense* sie besonders gut für den Rand eines Beetes geeignet.

Unter den spektakulärsten Storchschnabelarten wurde *G. psilostemon* 1874 aus Armenien eingeführt. Diese erlesene Pflanze wird 1,20 m hoch und breitet sich gleichmäßig nach allen Seiten aus. Sie ist in jeder Hinsicht ansehnlich. Leuchtend magentarote Blüten, die durch schwarze Flecken noch betont werden, bedecken die Horste im Juni. Die Blütenblätter sind mit zarten, dunklen Adern gezeichnet. Seine breiten, geteilten Blätter nehmen im Herbst einen karmesinroten Farbton an. Bei diesem Storchschnabel lohnt es die Mühe, einen tiefen Lehmboden für ihn auszuwählen, da er sich dort am wohlsten fühlt, und ihn mit Zweigen abzustützen, damit ihn der Wind nicht zu Boden drückt.

GEGENÜBER: Viktorianische Pflanzensammler haben den reizvollen Storchschnabel *Geranium himalayense* in Nordindien gefunden. Wie die meisten Storchschnabelarten bildet auch diese Spezies dichte Laubhügel, die sich im Frühsommer mit Blüten schmücken. Die zart eingeschnittenen Blätter röten sich im Herbst, was die Verwendbarkeit der Pflanze im Beet oder als Bodenbedeckung erhöht.

Alles Tropische war für Gartenfreunde und Sammler des neunzehnten Jahrhunderts von großem Interesse. Es ist deshalb nicht verwunderlich, daß die *Gunnera manicata* im Blumenbeet eine große Faszination ausübte. Diese riesige Spezies mit ihren schirmartigen Blättern wurde 1867 aus Brasilien eingeführt, nachdem die kleinere, aber ähnliche Spezies *G. chilensis* schon seit 1840 den Gartenfreunden Appetit gemacht hatte: Der Amerikaner Peter Henderson war beeindruckt und sprach von den »rhabarberartigen Blättern, die einen Durchmesser von 90 cm haben und sich an stachligen Stielen erheben«, und beschrieb die Größe der Pflanze so: »ein gutes Exemplar wird 1,20 bis 1,50 m hoch und hat einen Durchmesser von 2,40 m. Sie ist vorzüglich für den subtropischen Garten geeignet.«

Die siebenundzwanzig Jahre später auftauchende brasilianische Spezies mit bizarren Blütenkegeln und 1,80 m breiten und über 1,80 m langen Blättern war damals und ist heute eine unvergleichliche Laubpflanze. Die Blätter sind die größten, die in gemäßigten Klimazonen gezogen werden können.

Stellen Sie sich vor, Sie ziehen zum ersten Mal ein Exemplar der Gunnera in Ihrem Garten. Vorausgesetzt, Sie haben sie an einen sumpfigen Platz in der Nähe eines Wassers gesetzt, wo sie genügend Raum zur Verfügung hat, zeigt sie im April ihre ersten Triebe, die unter braunem Haar verborgen sind. Schnell wachsen nun die stachligen Stiele, an denen sich die in weite Falten gelegten Blätter ausbreiten. Die gekräuselten Blätter sind gelappt und ebenfalls mit Stacheln versehen. Das hindurchscheinende Licht offenbart ein kompliziertes Netzwerk aus Adern, die den Blättern Halt geben. Im Juni treten aus dem Innern des tropischen Laubs mattgrüne, stachelige Keulen hervor, die sich wie Tannenzapfen in die Länge strecken. Man möchte sie weniger als Blüten denn als fruchttragende Laubknospen bezeichnen. Sie sind fremdartig und wunderbar – wie ein Gewächs aus prähistorischer Zeit.

Gertrude Jekyll, die große Dame der Gartenkunst, sagte: »Es war ein guter Tag für die Ufer unserer Gewässer, als die *Gunnera* eingeführt wurde, denn der riesige Umfang und die edle Form ihrer Blätter ermöglicht es uns, Wasserbilder in einem Ausmaß zu entwerfen, wie es vorher nicht möglich war.«

Die *Gunnera chilensis* wird 1,80 m hoch und breitet sich über eine Fläche von

GUNNERA GUNNERACEAE
Gunnera, Mammutblatt
GUNNERA CHILENSIS
GUNNERA MANICATA

Ein altmodisches Bootshaus, zwischen Rhododendron und dem schilfrohrartigen Laub der *Iris pseudacorus* verborgen, wird von den stattlichen Blättern der Gunnera eingerahmt. GEGENÜBER: Gekerbte, stark geäderte Blätter erheben sich im Spätfrühjahr mitten aus der Austriebsstelle der *Gunnera chilensis.*

3 m oder mehr aus. Sie ist die winterhärtere von beiden, und in der freien Natur findet man sie in so südlichen Gegenden wie Patagonien. Gut geschützt übersteht sie winterliche Temperaturen bis –18°. Die brasilianische Spezies *Gunnera manicata* kann eine Höhe von 2,40 m erreichen und hat schon Wintertemperaturen von –10° ausgehalten. Die abgestorbenen Blätter sollten zum Schutz über die Austriebsstellen gelegt und mit einer zusätzlichen Mulchschicht bedeckt werden. Die Pflanzen benötigen ständig Feuchtigkeit; ihre Blätter sind dabei hilfreich. Sie funktionieren wie riesige, umgedrehte Regenschirme oder wie Trichter, die das Regenwasser zuleiten. Die Gunnera braucht einen nährstoffreichen Boden und sollte im Frühjahr mit organischem Dünger versorgt werden, damit sie sich zu voller Schönheit entwickelt. Edward Bowles sagte: »Ich glaube, das große Geheimnis eines garantiert gewaltigen Wachstums besteht darin, ›das Vieh zu füttern‹.« Es muß kaum erwähnt werden, daß im Garten genug Platz sein muß, um eine solche Pflanze ziehen zu können.

Gartenbesitzer, die noch keinen Bach oder Teich besitzen (oder deren Anlage noch scheuen), können ein 1,50 m tiefes und ebenso breites Loch graben, es mit gutem Lehm und Kompost füllen und den wie eine Kokosnuß aussehenden Wurzelballen zu Beginn des Frühlings hineinsetzen, wobei alles sehr feucht gehalten werden muß. Die Gunneras werden durch Samen oder durch behutsame Teilung im Frühjahr vermehrt. Ihr Name ehrt einen Mann mit zwei Berufen, den schwedischen Bischof und Botaniker J. E. Gunner.

HERACLEUM UMBELLIFERAE

Herkuleskraut

Eine andere Pflanze, die nicht für zaghafte Gemüter oder einen kleinen Garten gemacht ist, ist das Herkuleskraut, *Heracleum mantegazzianum*. Es wächst in großer Geschwindigkeit zu einer durchschnittlichen Höhe von 3 m heran, obwohl ich auch Exemplare gesehen habe, die eine Höhe von fast 6 m erreicht haben. Daß die Griechen diese gewaltige Pflanze Herkules weihten, muß uns also nicht wundern.

Heracleum mantegazzianum wächst wild in Südosteuropa. Es wurde Ende des neunzehnten Jahrhunderts aus dem Kaukasus eingeführt und ist in ganz Europa aus den Gärten in die Natur eingedrungen. Es ist wohl das größe Mitglied der Familie Umbelliferae (wahrscheinlich ist es auch die größte Pflanze nahezu aller Blumenfamilien) und ist mit so gewöhnlichen Kräutern und Gemüsen wie Dill, Kümmel, Petersilie und Sellerie verwandt.

Die dunkelgrünen, tief eingeschnittenen, ahornähnlichen Blätter am Fuße der Pflanze haben einen Durchmesser von 90 cm. Aus ihrer Mitte erheben sich kräftige hohle, meist purpurfarben gefleckte Stengel mit kleineren Blättern. Diese werden im Juni und Juli von riesigen runden Blütenköpfen bekrönt, die einen Durchmesser von 30 cm und mehr erreichen und aus vielen winzigen, weißen Blüten bestehen. Aus diesem Grund hat man ihr den Spitznamen ›Cartwheel Flower‹ (Wagenradblüte) gegeben. Es wird geschätzt, daß jeder Blütenkopf ungefähr zehntausend kleine Blütchen enthält. Deshalb sollte man möglichst frühzeitig die Blütenköpfe entfernen, damit nicht zu viele Samen ausfallen können. Auf jeden Fall eignen sie sich vorzüglich für große Trockengestecke.

Es gibt auch eine englische und amerikanische Spezies, *H. sphondylium*, die als Schweinefutter gesammelt wurde und daher unter dem Namen ›Hogweed‹ (Schweinekraut) bekannt ist. Diese vielfältige Spezies findet man in vielen Gegenden der nördlichen Halbkugel zwischen Georgia, Alaska, Sibirien und Europa. *H. sphondylium* ist mit einer Höhe von nur 2,40 m eine vergleichsweise kleine Pflanze. Sie wächst in der freien Natur an Flußufern und feuchten Plätzen. Dieses Herkuleskraut ähnelt sehr seinem kaukasischen Vetter, obwohl seine Blätter nicht so tief eingeschnitten sind.

Die verschiedenen Arten des Herkuleskrautes sind als Volksheilmittel verwendet worden. Sowohl die Wurzeln als auch die Samen dienten dazu, Erkältungskrankheiten, Krämpfe, Koliken und Apoplexie zu behandeln. Die Pflanzen fanden auch als Heilmittel gegen Frauenleiden und als Stärkungsmittel Verwendung. Die langen hohlen Stiele eignen sich vorzüglich als Blasrohre. Der Saft des *Heracleum mantegazzianum* ruft bei manchen Leuten Allergien hervor, die zur Bildung von Hautbläschen führen. Deshalb sollte man im Umgang mit dieser Pflanze Vorsicht walten lassen und ihren Standort sorgfältig auswählen. Kinder sollten mir ihr möglichst nicht in Berührung kommen.

Obgleich das Herkuleskraut *Heracleum sphondylium* einen feuchten, nährstoffreichen Boden am Wasser vorzieht, gedeiht es auch gut an jedem sonnigen oder halbschattigen Standort mit ausreichender Feuchtigkeit, wie es die Sämlinge beweisen, die sich an feuchten Plätzen gut entwickelt haben. In der Regel leben die Pflanzen nicht sehr lange, so daß es sich empfiehlt, ein paar Sämlinge weiterzuziehen oder sie durch Wurzelstecklinge zu vermehren. Wenn man jedoch ein einzelnes Exemplar in einem abgeschiedenen Eckchen des Gartens sich selbst überläßt, kann es sich zu einer üppigen Kolonie entwickeln. Mit seinem wertvollen Laub und seinen eindrucksvollen Blütendolden empfiehlt sich das Herkuleskraut als Hintergrund einer tiefen Staudenrabatte.

HERACLEUM MANTEGAZZIANUM

HERACLEUM SPHONDYLIUM

In einem nährstoffreichen und ausreichend feuchten Boden können die kräftigen hohlen Stiele des Herkuleskrauts *H. mantegazzianum* eine Höhe von nahezu 6 m erreichen. GEGENÜBER: Die Blütendolden des Herkuleskrauts *H. mantegazzianum* überragen die eigenen, tief eingeschnittenen Blätter, weiße Jasminblüten und blaublühende Ochsenzungen *(Anchusa azurea)*.

Die ersten *Hosta* wurden um das Jahr 1780 von Pflanzensammlern nach England gebracht. Zunächst glaubte man, es handele sich um exotische Arten der Taglilien. Als die Unterschiede aber immer deutlicher wurden, ordnete man sie als neue Gattung der Familie Liliaceae zu und gab ihnen nach dem deutschen Kryptogamenforscher Heinrich Funk den Namen *Funkia.* Am Anfang dieses Jahrhunderts wurde der Name zu Ehren von Nikolaus Host, einem Arzt des österreichischen Kaisers in der Zeit des beginnenden neunzehnten Jahrhunderts, geändert.

Die kleinen, trompetenförmigen Blüten und das ansehnliche Laub der ersten Spezies bewunderte man, aber in der Zeit der großen botanischen Forschungsreisen rings um den Globus wurden die Funkien doch meist ignoriert. Das alles änderte sich im Jahre 1830, als Dr. Philipp Franz von Siebold mit neuen Arten aus Japan nach Europa zurückkehrte.

Die großartigen blaugrünen Blätter von Siebolds neuer Spezies *H. sieboldiana,* die sich wie ein feiner, gestreifter Baumwollkrepp kräuseln, sind das charakteristische und außergewöhnliche Merkmal dieser Pflanze. Sie wurde zur Zeit der industriellen Revolution in England eingeführt. Londons Nebel war zu Smog geworden, und der große blaue Neuankömmling störte sich nicht daran. Er wurde ein Schlager in den Stadtgärten.

Die herzförmigen, geäderten Blätter der *Hosta sieboldiana* sind die größten und vielleicht auch schönsten dieser Gattung. Sie sind 30 cm breit und lang und erheben sich an langen Stielen aus einer zentralen Austriebsstelle. Über den markanten Blatthügeln erscheinen dichte Trauben von trichterförmigen Blüten. Sie sind weiß mit zartem Lavendelton und strömen einen leichten, süßen Duft aus. Die am häufigsten gezogene Form ist aus gutem Grund die selektierte Varietät 'Elegans'. Ihr stark gekräuseltes Laub wirkt noch blauer. Ihre Blätter färben sich im Herbst gelb, und die Samenstengel sind im Winter ein dekorativer Schmuck, wenn ihre Köpfe aus der Schneedecke herausragen.

Als sich die Viktorianer kopfüber in die neue Mode teppichartiger Beetbepflanzung stürzten, war für die *Hosta sieboldiana* und andere große Pflanzen kein Platz mehr, und sie wurden ins Waldland verbannt oder von den Cottage-Gärtnern aufgenommen, die den modischen Trends nicht folgten. Nur eine Generation nach ihrer Einführung wurde die blaue *Hosta* als altmodische Pflanze angesehen. Sie wäre vielleicht ganz verschwunden, wären nicht die Cottage-Gärtner, der revolutionäre William Robinson und die unbeirrbare Miss Jekyll gewesen. Mit unnachahmlicher Phantasie fand sie neue Verwendungsmöglichkeiten für die blauen Blätter.

In den letzten Jahren hat das Interesse an Funkien wieder zugenommen. Es gibt viele Spezies, und sowohl Fachleute als auch Amateure haben wertvolle Hybriden gezüchtet. Funkien sind ein Segen für feuchte, schattige Gärten. Obgleich sie auch in mehr Sonne gedeihen, wenn sie gut gewässert werden, können die Blätter in heißen Sommern verbrennen. Sie fühlen sich in einem guten, lehmigen Boden am wohlsten und möchten gerne gut gedüngt werden. Die Horste, die sich erst mit der Zeit zu voller Schönheit entwickeln, sollten möglichst nicht gestört werden. Funkien sind ausgesprochen winterhart, obwohl sie auch in südlichen Gärten wachsen. Sie sollten nicht in frostgeschützte Ecken oder an warme Plätze gesetzt werden, wo sie zu früh austreiben und dann vom Frost beschädigt werden könnten, da sie zu Beginn des Frühlings nur eine einzige Reihe Blätter hervorbringen.

Die Funkien sind nur für wenige ernsthafte Krankheiten anfällig, aber die Schnecken können in ihren Blättern häßliche Löcher hinterlassen. Sie werden durch Teilung oder Samen vermehrt. Sämlinge brauchen drei Jahre oder mehr, bis sie zu einer ansehnlichen Statur heranwachsen.

Hosta sieboldiana und *Mimulus guttatus* gedeihen im Schatten. GEGENÜBER: In einer schattigen Grotte werden die dominierenden blaugrünen Funkienblätter der Spezies *Hosta sieboldiana* von Flecken des rosafarbenen Steinbrechs *Saxifraga umbrosa*, der gelben Gauklerblume *Mimulus guttatus* und den Blättern der *Astilbe x arendsii* eingerahmt. RECHTS: Spitzenartige Farnblätter steigern die Wirkung der kühnen, an der Oberfläche gekräuselten Blätter der *H. sieboldiana*.

HOSTA SIEBOLDIANA LILIACEAE
Funkie

Der griechische Name für *Hypericum* ist aufschlußreich. Nach manchen Versionen bedeutet griechisch ›hypereikon‹ – von ›hyper‹ (oben) und ›eikon‹ (Bild) –, daß die Blumen lange auf Bilder gelegt worden sind, um Böses abzuwenden. Nach anderen Versionen soll das Johanniskraut dagegen nach dem Titan Hyperion, dem Vater des griechischen Sonnengottes Helios, benannt worden sein.

Es ist leicht zu verstehen, warum diese Pflanze mit der Sonne in Verbindung gebracht wurde. Ihre mit fünf Blütenblättern ausgestatteten gelben Blüten haben lange Staubgefäße, die strahlenförmig von der Mitte ausgehen. Am Ende des Staubfadens sitzt ein roter oder goldfarbener Staubbeutel. In hellem Licht glühen sie wie eine platzende Rakete und erinnern stark an die Faseroptik der modernen Technologie. Wir könnten *Hypericum* gut dem Gott der Telephonnetze weihen.

Frühe Sonnenverehrer der östlichen Mittelmeerländer haben es als das heilige Kraut des Sonnengottes gekannt. Es eignete sich vorzüglich für Zauber und wurde besonders zur Zeit der Sommersonnenwende verehrt, wenn die Sonne stillzustehen schien. An diesem Tag wurden bei Sonnenuntergang Freudenfeuer entzündet, die Gläubigen sangen und tanzten, und Blütengirlanden aus *Hypericum* wurden in die Flammen geworfen. Der verzauberte Weihrauch wehte über die besessenen Schwärmer als Zeichen der Macht des Krautes, das Böse auszutreiben. Fröhliche Römer feierten mit heidnischem Vergnügen in aller Ausgelassenheit das ›Feuerfest‹.

Die frühe christliche Kirche mußte an diesen Riten der Naturverehrung Anstoß nehmen. Die Kirche ›entdeckte‹, daß Johannes der Täufer genau am Tag der Sommersonnenwende geboren worden war, und so wurde das Feuerfest in das Johannisfest umgewandelt. *Hypericum* erhielt den Namen Johanniskraut, im Englischen St. John's Wort. ›Wort‹ (Wurz) bedeutet Heilkraut, und so wurde erklärt, Johannes habe die Pflanze gesegnet und ihr so Heilkraft verliehen. Mönche machten sich nun an die Arbeit, um medizinische Eigenschaften an ihr zu entdecken; tatsächlich fanden sie heraus, daß ein aus den Blättern und Blüten gewonnenes Öl Entzündungen erfolgreich zu lindern vermochte. Doch der Aberglaube hat ein zähes Leben. In ganz England wurden im Mittelalter in heimlichen Riten am Abend der Sommersonnenwende Freudenfeuer angezündet, und ›Priester‹ warfen Fingerhut, Eisenhut und Johanniskraut in die Flammen.

Der Eingang zu einem ländlichen Garten wird von blühendem Lerchensporn *(Corydalis lutea)* und Johanniskraut *(Hypericum calycinum)* geschmückt. GEGENÜBER: Johanniskraut, durch dessen Blätter sich hier der Storchschnabel *Geranium robertianum* windet, wurde von alten Völkern mit dem Sonnengott in Verbindung gebracht. Später hat aber die christliche Kirche die Pflanze für die Christenheit in Anspruch genommen.

Spezies des Johanniskrauts wachsen in allen gemäßigten Klimazonen der nördlichen Halbkugel. *H. calycinum*, in Kleinasien beheimatet, wurde lange in Europa kultiviert, und Siedler brachten es nach Amerika. Seine großen Blüten mit einem Durchmesser bis zu 7,5 cm blühen im Hochsommer.

Die strauchigen Pflanzen werden nur 45 cm hoch, und die ausgeprägt olivgrünen Blätter sind in mildem Klima immergrün. *H. calycinum* eignet sich vorzüglich für schattige Plätze. Es gedeiht auch bei mehr Sonne und ist ein starkwüchsiger Bodendecker, der gut Unkraut unterdrückt. Johanniskraut läßt sich in einem gewöhnlichen, gut feuchten Boden leicht ziehen. Es kann durch Samen oder Stecklinge vermehrt werden.

HYPERICUM CALYCINUM HYPERICACEAE Johanniskraut

Es gibt keine übereinstimmende Meinung über den Ursprung des Namens *Inula helenium* für diese sehr alte Pflanze. Manche meinen, er stamme von dem griechischen Wort ›inaein‹ (reinigen) ab, da ihre diesbezüglichen Eigenschaften durchaus bekannt waren. Eine interessantere Erklärung will wissen, daß der Name einfach ›Helenas Helena‹ bedeutet, wobei ›Inula‹ nur eine verderbte Form von ›Helenula‹ (kleine Helena) sein soll. Als Paris Helena nach Troja entführte, so berichtet die Legende, habe sie ihre Hände voll von den leuchtenden gelben Blumen gehabt.

Wahrscheinlich haben die Römer den Alant nach England gebracht, wo man ihn zwar in der freien Natur finden kann, wo er aber nicht heimisch ist. Alant wurde im ganzen Römischen Reich als Gemüse verzehrt. Culpeper hielt sie für »sehr wirksam, um einen kalten aufgeblähten Bauch zu wärmen, oder das Stechen darin und das durch die Milz verursachte Seitenstechen zu erleichtern«. Alant wurde bis Ende des neunzehnten Jahrhunderts auch Hustensäften zugesetzt.

Das *Leech Book of Bald* von 950 beschreibt in einer seltsamen Mischung aus heidnischen und christlichen Ritualen, wie Alant als Heilmittel gegen die »Elfenkrankheit« verwendet wurde – eine Art Wahnsinn, den Feen durch allerlei Zauberkünste hervorrufen sollten. An einem Donnerstagabend, so lautet die Vorschrift, mußte der Alant mit einem Messer aufgespießt, ausgegraben und bei

Dämmerung vor den Altar gelegt werden, zusammen mit Betonien und mit Flechten, die von einem Kruzifix abgenommen und dreimal mit Milch und heißem Wasser aufgekocht werden mußten. Die ganze Verrichtung wurde von besonderen Gebeten und Liedern begleitet. Die Teilnahme an dem Ritus wurde für genauso wichtig gehalten wie die Medizin selbst.

Man entdeckte schon im zehnten Jahrhundert, daß man mit *Inula* Koliken bei Pferden behandeln konnte. ›Hors-Helene‹ oder ›Horse-heal‹ wurde für diesen Verwendungszweck in die Neue Welt eingeführt. Es wächst in Mengen wild von Nova Scotia bis North Carolina und ostwärts bis nach Missouri.

Die Blätter des Alant bilden große Rosetten und haben wollige Unterseiten. Die Blätter am Stielansatz werden 50 cm lang und 20 cm breit. Die kräftigen Stengel tragen verzweigte, gelbe Blütenköpfe. Die goldfarbenen Mittelscheiben der einzelnen Blüten sind von blasseren, kurzen Strahlenblüten umgeben. Die Blüten öffnen sich vom Hoch- bis zum Spätsommer an 1,20 bis 1,80 m langen Stielen. Alant ist eine stattliche Erscheinung in jedem Kräutergarten oder überall dort, wo seine eindrucksvollen Blätter und Blüten gut zur Geltung kommen. Er bietet einen prachtvollen Anblick vor gelbgrünen Sträuchern wie goldfarbenem Holunder oder Wacholder. Die purpurfarbenen Blüten des Schmetterlingsstrauchs, *Buddleia davidii*, blühen zur gleichen Zeit und werden durch die Farbtöne des Alants noch in ihrer Wirkung gesteigert. Da der Alant mehrere Tage in der Vase hält, wird er gerne von Blumenbindern in Sträuße gebunden.

Die Pflanzen lassen sich problemlos im Garten ziehen. Was den Boden anbetrifft, so sind sie nicht anspruchsvoll. Sie fühlen sich in der Sonne oder im Halbschatten wohl, sofern sie genug Feuchtigkeit bekommen. Neue Pflanzen können aus Samen oder durch Wurzelteilung gewonnen werden. Sie sollten genügend Platz haben, damit sie sich zu voller Schönheit entwicklen können.

INULA HELENIUM COMPOSITAE
Alant

Ein nostalgischer Strauß enthält Alant *(Inula helenium)*, Stiefmütterchen und Salatblüten.
LINKS: Alant blüht im Juli.

IRIS IRIDACEAE
Iris, Schwertlilie

IRIS PSEUDACORUS
Wasserschwertlilie

IRIS VERSICOLOR

Zu Beginn des sechsten Jahrhunderts hatte die Armee der Goten den König der Franken am Rheinbogen in der Nähe Kölns in eine Falle gelockt. Als Clovis blühende gelbe *Iris pseudacorus,* Wasserschwertlilien, weit draußen im Fluß entdeckte, schloß er, daß das Wasser flach genug sein müsse, um hindurchzuwaten, und so konnte seine Armee entkommen und am nächsten Tage weiterkämpfen. Der dankbare Clovis machte daraufhin die Iris zu seinem Wahrzeichen und ersetzte die drei Kröten auf seinem Wappen durch drei Iris. Während der Kreuzzüge ließ Ludwig VII. die drei Iris wieder als sein Emblem aufleben, woraufhin die Iris als ›Fleur de Louis‹ bezeichnet wurde; möglicherweise ist daraus die Bezeichnung ›Fleur de lis‹ entstanden. Die stilisierte Iris wurde 1340 in das königliche Wappen von England eingefügt und ist erst um 1800 von der irischen Harfe verdrängt worden.

Heute ist das heraldische Symbol der Könige die gleiche gelbe Iris, wie man sie noch heute, ungefähr dreizehnhundert Jahre nach Clovis' knappem Entkommen, an englischen Bächen und Flüssen findet. Die Wasserschwertlilie verdankt ihre zweigliedrige Artenbezeichnung *pseudacorus* der Ähnlichkeit ihrer Blätter mit denen des Kalmus, *Acorus calamus,* einem Kraut, das man gern zum Bestreuen der Böden gebrauchte. Obgleich die *Iris pseudacorus* in der freien Natur in und am Wasser wächst, wird sie schon seit Jahrhunderten im Garten gezogen.

Die wilde *Iris versicolor* erinnerte die amerikanischen Siedler an ihr Gegenstück in der Alten Welt, und sie nannten sie ›Big Flag of America‹. GEGENÜBER: Stille Gewässer sagen der Wappenlilie *Iris pseudacorus* zu – ihre BLüten verschwinden zwischen ihren binsenartigen Blättern – wie auch dem Merk *(Sium latifolium).*

Horste der gelben Wasserschwertlilie bilden dekorative Akzente in nicht zu trockenen Rabatten, an sumpfigen Ufern und in sehr flachem Wasser. Ihre üppig wachsenden, langen und speerförmigen Blätter werden bis zu 1,20 m hoch. Kräftige, verzweigte Stiele, die sich zwischen den Blättern erheben, bringen vier bis zwölf Blüten hervor. Die kurzen oberen drei Blütenblätter sind an der Spitze leicht gekräuselt und biegen sich sanft zur Mitte der Blüte. Die drei unteren, weit zurückgebogenen Blütenblätter zeichnen sich durch ihr reines Zitronengelb aus, das in der Regel mit einem Netzwerk dunkler Adern verziert ist. Die Basis der Blütenblätter weist manchmal einen orangefarbenen Fleck auf und besitzt keinen Bart. Die Blüten haben einen Durchmesser von 7,5 cm und blühen im Mai und im Juni.

Aus den Blättern wurden lange Zeit Stuhlsitze geflochten. Die Samen ergaben einen Kaffeersatz, und die Schotten weichten die Wurzeln in Wasser ein und stellten daraus Tinte her.

Die wilde Iris Amerikas, *Iris versicolor,* haben nostalgische Siedler nach der mit ihr verwandten gelben Wasserschwertlilie (›Yellow Flag‹) ›Blue Flag‹ genannt. In England wurden Ende des letzten Jahrhunderts im Zuge der Industrialisierung Sümpfe und kleine Flüsse trockengelegt, und die Wasserschwertlilie begann in manchen Gegenden auszusterben. Beunruhigte Naturschützer importierten daraufhin die zähere amerikanische *Iris versicolor,* und im Jahre 1890 wurde in der Landschaft des Lake Districts, in der Nähe von Ullswater, mit großem Erfolg eine kleine Versuchspflanzung in Angriff genommen.

KNIPHOFIA UVARIA
LILIACEAE
Fackellilie, Tritome

Südafrika war mit seiner exotischen Flora eine Goldmine für Pflanzensammler, aber die Blumen wurden als zu empfindlich angesehen, um außerhalb des Gewächshauses gezogen zu werden. Erst sehr viel später fand man heraus, daß viele Pflanzen dieser Gegend Kälte viel besser vertragen können, als man angenommen hatte. Ein solcher Fall ist die Fackellilie. Die erste Spezies, *Kniphofia uvaria*, ist seit 1707 aus dem Umland des Kaps der Guten Hoffnung nach England gebracht worden. Da man gar nicht daran dachte, daß sie winterhart sein könne, umsorgten sie die Sammler an die hundertfünfzig Jahre als Kuriosität im Gewächshaus. Im Jahre 1848 wurden dann ein paar Exemplare in den Kew Gardens ins Freie gepflanzt, wo sie zum Erstaunen aller den Winter überlebten.

Manchen Gartenfreunden mag es ganz widernatürlich erscheinen daß der botanische Name von dem leicht auszusprechenden *Tritoma* – von ›tri‹ (drei) und ›tomas‹, (geschnitten), womit auf die drei scharfen Ränder an den Blattspitzen Bezug genommen wird – in das schwierige Wort *Kniphofia* abgeändert wurde. Wie immer wurde der ältere Name als der korrekte anerkannt, und wir sollten Professor J.H. Kniphof seinen Anteil nicht mißgönnen. Im Jahre 1764 hat der deutsche Botaniker ein aufsehenerregendes zwölfbändiges Kräuterbuch mit zwölfhundert Illustrationen veröffentlicht, die im ›Naturdruck‹ hergestellt worden waren. Dieses anspruchsvolle, mühsame Verfahren arbeitete mit Abdrucken von getrockneten und gepreßten Pflanzen, die mit der Hand koloriert wurden.

Selbst nachdem sich die Fackellilien in den Kew Gardens als winterhart erwiesen hatten, gab es noch gewisse Vorbehalte. In manchen Gegenden entwikkelten sie sich aber zu beliebten Gartenpflanzen, zum Beispiel in Westschottland. William Robinson hat der *K. uvaria* höchstes Lob gespendet; sie sei »eines der edelsten, leuchtendsten Liliengewächse«.

Die Fackellilie übte eine große Faszination auf die leicht zu beeindruckenden Viktorianer aus, und viele Hybriden wurden gezüchtet, bei denen die Fackellilie eine dominante Rolle spielte. Fünfzig Varietäten waren erhältlich, und Hibberd wurde immer ärgerlicher und warnte, die Fackellilien würden »eine feurige Glut in den Strauchrabatten und eine regelrechte Feuersbrunst im Parterre« entfachen.

Fast alle diese Hybriden sind verlorengegangen, aber die Spezies hat überlebt, und Pflanzenkenner haben in diesem Jahrhundert neue Hybriden gezüchtet. Die glatten Blütenstiele erheben sich zwischen yucca-ähnlich spitzen, dunkelgrünen Blättern. Die flammenfarbigen, 5 cm großen Blüten sitzen an den Stielspitzen dicht beieinander. Die Stiele erreichen eine Höhe von 1,50 m und erinnern tatsächlich an brennende Fackeln. Die unten sitzenden röhrenförmigen Blüten nehmen allmählich einen blassen Cremeton an, als ob sie noch nicht »Feuer gefangen« hätten. Die Blütezeit der *Kniphofia* beginnt im Sommer und reicht mitunter bis in den Herbst. Peter Henderson, der hörte, daß seine amerikanischen Landsleute sie immer wieder ›Flame Flower‹ (Flammenblume) nannten, schrieb über die *Kniphofia uvaria:* »Eine Pflanze, die sich vorzüglich für alleinstehende Horste auf einem Rasen oder zwischen Sträuchern eignet, wo ihre hohen orangeroten Blütenähren vom August bis zum Dezember ein wunderbares Schauspiel bieten.« Die Blütenstiele können für effektvolle und dauerhafte Gestecke verwendet werden.

Die Blätter sind je nach Klima mehr oder weniger immergrün, breiten sich aber im Winter aus, was dazu führt, daß sich Wasser an der Austriebsstelle sammelt. Die Pflanzen können großen Schaden erleiden, wenn dieses Wasser gefriert, so daß man die Austriebsstellen möglichst mit einer Mulchschicht bedecken sollte. Manche Leute binden die Blätter zusammen, damit der Regen nicht in das Innere der Pflanzen rinnen kann. Die Fackellilien gedeihen am besten an Böschungen, wo sich keine übermäßige Feuchtigkeit sammeln kann, oder in einem einigermaßen trockenen Beet mit gut durchlässigem, normalem Gartenboden. Sie bevorzugen volle Sonne und möchten möglichst nicht gestört werden. Zur Vermehrung teilen Sie die Horste im Frühjahr. Aus Samen gezogene Pflanzen brauchen drei Jahre, bis sie Blüten ansetzen.

Ursprünglich wurde bezweifelt, daß sich die Fackellilie *(Kniphofia uvaria)*, die in Südafrika entdeckt wurde, in den gemäßigten Klimazonen als winterhart erweisen würde. Ihre tatsächliche Winterhärte läßt sich aber anhand der vielen Gärten beweisen, in denen sie prächtig gedeiht.

LAVANDULA ANGUSTIFOLIA
LABIATAE Echter Lavendel

Die Römer haben vielleicht den Lavendel *(Lavandula angustifolia)* nach England gebracht, wo er in den Gärten immer noch eine wichtige Rolle spielt; hier wird er zum Beispiel zur Einfassung von Rosenbeeten verwendet.

Lavendel ist das charakteristischste Kraut englischer Gärten, wo es schon seit unvordenklichen Zeiten gezogen wird. Überall – vom größten Herrenhaus bis zum bescheidensten Cottage – war Lavendel in Mode, seit er irgendwann einmal in frühesten Zeiten eingeführt worden ist. *Lavandula angustifolia* ist der Echte Lavendel vom sonnigen Mittelmeer, obgleich einige Botaniker vermuten, daß er eigentlich aus Indien stammt. Sein Name leitet sich aus dem lateinischen ›lavandus‹ ab, was soviel wie ›der gewaschen werden soll‹ bedeutet, da die Römer ihr Badewasser mit Lavendelöl zu parfümieren pflegten. Es ist möglich, daß sie den Lavendel nach England gebracht haben.

Der Zierwert von Lavendel wurde zunächst kaum beachtet. Lange Zeit ist Lavendelsalz zur Belebung bei drohenden Ohnmachtsanfällen verwendet worden, und auch John Gerard meinte, es könne all denen Erleichterungen bringen, »die leicht in Ohnmacht fallen«. Er behauptete auch, Lavendel lindere »das Verlangen und die Leidenschaft des Herzens«, als ob irgend jemand nach einem Heilmittel gegen die Liebe suchen würde!

Als die Knotengärten in Mode kamen, wurde manchmal auch Lavendel gepflanzt. Er wurde dann zu niedrigen, silbernen Hecken geschnitten. Daraus ergab sich, daß man Pflanzen an zwei verschiedenen Stellen ziehen mußte, denn, wie John Reid in *The Scots Garden* von 1766 bemerkt, »um der Blüten willen, die oft verwendet werden, müssen wir eine getrennte Anpflanzung haben;

denn ließe man die Randpflanzen blühen, wäre die Schönheit verdorben«. Nicht alle waren der Meinung, daß der in Form geschnittene Lavendel am schönsten sei. Von Königin Henrietta Maria wird behauptet, sie habe eine weißblühende Varietät besonders geschätzt.

Die Blüten wurden gesammelt und gepreßt, um daraus das einzigartige Duftöl zu gewinnen. Das sogenannte Lavendelwasser, das aus Weingeist und Lavendelöl bestand, war ein beliebtes Parfum. Man behauptete, es könne Hautflecken und Schwellungen beseitigen. Unter der Herrschaft von Elizabeth I. wurde Parfum statt Seife verwendet, so daß große Mengen vom Kontinent eingeführt werden mußten. Jakob I. besaß zu seiner Zeit praktisch das Monopol der Seifenherstellung. Im Jahre 1671 verkaufte er seine Seifenvorräte an William Yardley aus Surrey. Es war Yardley, der seiner Seife Lavendelessenz zugesetzt und damit eine lange Tradition eingeleitet hat.

Noch heute ist es Brauch, Lavendel in Schubladen zu legen, um Ungeziefer zu vertreiben und den Inhalt zu parfümieren. Nach Lavendel duftende Bettücher waren immer sehr beliebt.

Obgleich die Franzosen jahrhundertelang einen blühenden Lavendelanbau hatten, war man der Meinung, in England gezogene Pflanzen enthielten Öl von intensiverem Duft. Sie wurden deshalb zu einem viel höheren Preis verkauft. Tatsächlich mag das aromatische Öl in einer heißen, trockenen Gegend schneller verfliegen.

Schon früh hat der Lavendel den Atlantik überquert, aber er mußte oft geschützt werden, um die härteren Winter – vor allem in Neuengland – zu überstehen. Breck war in Boston mit diesem Problem konfrontiert und berichtete, welche Erfahrungen er gemacht und welche Lösung er gefunden hatte: »In einem kalten, feuchten Boden wird er im Winter mit ziemlicher Sicherheit eingehen; aber in einem trockenen, lehmigen oder kieseligen Boden übersteht er unsere Winter ohne großen Schutz. Wir haben ihn in einem Boden der letztgenannten Qualität erfolgreich gezogen und aus den Blüten vom Rand eines runden Beetes von 1,80 m Durchmesser mehr als eine Unze reiner Lavendelessenz gewonnen, von der ein einziger Tropfen einen ganzen Raum parfümiert.« Breck war unglaublich fleißig, und seine Zuchtanweisungen haben noch heute Gültigkeit.

Lavandula angustifolia (früher als *L. spica* oder *L. vera* bekannt) liebt reichlich Sonne und verträgt gut Trockenheit. Er ist nahezu immun gegen Krankheiten. Die kleinen Sträucher erreichen eine Höhe von 45 bis 90 cm. Alte, verholzte Triebe sollten zu Beginn des Frühlings abgeschnitten werden, damit die Pflanzen buschiger wachsen. Den Schock eines radikalen Rückschnitts sollen alte Pflanzen angeblich nicht überstehen. Die Blüten sollten am Morgen, wenn sich die Knospen gerade öffnen und ihr Duft am stärksten ist, gepflückt werden. Die schmalen Blätter ›angustifolia‹ bezieht sich hierauf) und blauen Blütenähren haben insgesamt eine graue Färbung. Er mag wachsen, wo er will, Lavendel bietet überall im Garten einen erfreulichen Anblick, wirkt aber am elegantesten zusammen mit Rosen.

OBEN: Blüten von in England gezogenem Lavendel *(Lavandula angustifolia)* werden wegen ihrer hohen Konzentration an ätherischen Ölen besonders geschätzt. UNTEN: Nach Lavendel duftende Wäsche ist ein Luxus, den sich jeder Gartenliebhaber leisten kann.

In der ersten Hälfte dieses Jahrhunderts haben die Lilien viel an Ansehen verloren, als ganze Schiffsladungen von weichen, kranken Zwiebeln orientalischer Spezies die Märkte Amerikas und Englands überfluteten. Lilien wurden im allgemeinen als empfindlich abgestempelt, und viele Gärtner mieden sie. Das war ausgesprochen schade, da wenige andere Blumen die Phantasie der Künstler und Gartenfreunde über viele Generationen hinweg so stark angeregt haben.

Lilium candidum ist vielleicht die älteste der heimisch gewordenen Blumen. Ihr Heimatland ist ungewiß, sie stammt aber wahrscheinlich aus dem Balkan. Ihr Bild ziert Töpferware aus Kreta, die an die dreitausend Jahre alt ist. Dioskurides hat sie genau beschrieben. Den Phöniziern ist es vielleicht zu verdanken, daß sie sich rings um das Mittelmeer ausgebreitet hat. Die Römer kultivierten die ›Weiße Lilie‹, und der Dichter Vergil hat ihr den Namen *candidum* gegeben, was ›leuchtendweiß‹ bedeutet. Obgleich es wie ein Sakrileg erscheinen mag, die Lilie wurde deswegen geschätzt, weil man ihre Zwiebeln essen oder sie als Heilmittel verwenden konnte. Wilde Populationen dieser Lilie in ganz Europa lassen vermuten, daß die Römer sie in der Nähe befestigter Lager angepflanzt haben.

Ihre Verbindung zur Jungfrau Maria stammt aus dem zweiten Jahrhundert, als die Überlieferung von ihrer Himmelfahrt sich immer weiter verbreitete: Am dritten Tag nach ihrem Begräbnis fand man nur Lilien und Rosen im Grab. Die Lilie wurde zum Sinnbild Mariens. Die ›Weiße Lilie‹ – merkwürdigerweise wurde sie erst am Ende des neunzehnten Jahrhunderts ›Madonnenlilie‹ genannt – wurde in jedem englischen Klostergarten gezogen, als Heilmittel für Wunden und als Schmuck für die Kapelle. Die sogenannte ›Osterlilie‹ von heute, *L. longiflorum*, stammt aus Taiwan und ist eigentlich nur eine gröbere Variation des gleichen Themas.

Die Türkenbundlilie, *L. martagon*, ist vielleicht eine englische Wildblume. Noch wahrscheinlicher ist allerdings, daß sie ein sehr früher Einwanderer aus Deutschland und Frankreich ist. Turner war der irrigen Auffassung, sie stamme ursprünglich aus dem Mittleren Osten und sei nach Konstantinopel gebracht worden, um dort die Gärten der Sultane zu schmücken. Dadurch ist wohl auch die Idee aufgekommen, ihre Blüten hätten Ähnlichkeit mit Türkenmützen. Das Wort ›martagon‹ ist möglicherweise von türkisch ›martagan‹ abgeleitet – dem Wort für einen Turban, der von Sultan Mohammed I., dem Herrscher des ottomanischen Kaiserreiches im 15. Jahrhundert, getragen wurde. Obgleich die typische Farbe des gefleckten Typs ein Pflaumenrosa ist, war zu Parkinsons Zeit

LILIUM LILIACEAE
Lilie

LILIUM CANDIDUM Madonnenlilie
LILIUM HANSONII Goldtürkenbundlilie
LILIUM MARTAGON Türkenbundlilie

eine Reihe von Variationen bekannt, unter anderem die weiße Form 'Album' und eine dunkelkastanienfarbene Sorte 'Cattaniae'.

L. hansonii hat 1871 zum ersten Mal in England geblüht. Sie wurde nach dem Künstler Peter Hanson aus Brooklyn (New York) benannt, der eine der schönsten Liliensammlungen der Welt besaß. Die Pflanze wurde in Korea entdeckt. Ihre goldfarbenen Blüten, mit einem Zitronenorange angehaucht, ähneln der europäischen Türkenbundlilie. Sie haben einen Durchmesser von 5 cm, und ihre zurückgebogenen Blütenblätter sind mit purpurbraunen Flecken gesprenkelt. Sie strömen einen leichten, süßen Duft aus. Obgleich sie heute geographisch voneinander getrennt sind, besteht zwischen *L. hansonii* und *L. martagon* ein enger Zusammenhang. Das beweist die Leichtigkeit, mit der sie gekreuzt werden können. Mr. und Mrs. R. O. Backhouse waren außergewöhnliche englische Gärtner, ihre schönen Kreuzungen aus diesen beiden Spezies sind vor der Jahrhundertwende entstanden. Die Backhouse-Hybriden werden noch heute gezogen.

Diese beiden genannten Spezies unterscheiden sich in vielen Punkten von den meisten anderen Lilien, die man im Garten findet. Ihre Blätter sind in Quirlen und nicht wechselständig entlang der Stiele angeordnet, was nach der Evolutionstheorie bedeutet, daß sie älter sind. Beide Spezies gedeihen wie die Madonnenlilie, *L. candidum*, auf kalkigem Boden, ein Segen für Gartenfreunde, die einen kalkreichen Boden in ihrem Garten haben. Die ganze Gattung benötigt einen äußerst durchlässigen, bröckeligen Boden, aber die hier beschriebenen drei

Die typische Farbe der Türkenbundlilie *(Lilium martagon)* ist ein Pflaumenrosa, und als Wildblume Mitteleuropas liebt sie alkalische Böden in lichtem Schatten. GEGENÜBER, LINKS: Die goldorangefarbenen, hängenden Blüten der Goldtürkenbundlilie *(Lilium hansonii)* kommen in halbschattigen Gartenbereichen besonders gut zur Geltung. GEGENÜBER, RECHTS: Die weiße Form der Türkenbundlilie (*Lilium martagon* 'Album'), die durch Parkinson bekannt wurde, bietet einen wunderbaren Anblick inmitten von Farnwedeln. VIGNETTE: Die Madonnenlilie *(Lilium candidum)* ist eine der ältesten kultivierten Blumen.

Arten sind die anpassungsfähigsten und geben sich auch mit einem festeren Lehmboden zufrieden.

Die Madonnenlilie erreicht in voller Sonne eine Höhe von 1,20–1,50 m. Ihre urtümlichen Blüten öffnen sich im Juni. Die Zwiebeln werden im August während der Ruhepause gepflanzt. Im Unterschied zu allen anderen Lilienzwiebeln bedeckt man sie beim Einpflanzen nur mit einer dünnen Erdschicht von etwa 2 cm. Nach einer Ruhezeit bilden sie eine Blattrosette, die den Winter überdauert und vor stehender Feuchtigkeit geschützt werden sollte.

Die Türkenbundlilien erreichen eine Höhe von 90 cm–1,50 m und bringen im Juni und Juli zwanzig oder dreißig hangende, wachsartige Blüten an jedem Stiel hervor. Sie gedeihen am besten in einer Umgebung, die ihrem natürlichen, halbschattigen Standort nachgebildet ist. Die Zwiebeln werden im Herbst oder Frühjahr ungefähr 15 cm tief in die Erde gepflanzt und brauchen mehrere Jahre, um sich anzusiedeln, wobei sie oft das erste Jahr in schlafendem Zustand verbringen. Türkenbundlilien überleben viele Jahre im Garten ohne besondere Pflege. Die weiße Form 'Album' bildet mit Farnen eine besonders harmonische Gemeinschaft.

L. hansonii wird genauso behandelt. Ihre goldorangefarbenen Blüten leuchten intensiv vor einer dunklen Strauchgruppe. Die 1,20 m langen Stiele tragen bis zu einem Dutzend nickender Blüten. Ich kenne einen ausgedehnten Horst, der vor einem halben Jahrhundert gepflanzt worden ist und heute noch im lichten Schatten einer Gleditschie wunderbar gedeiht.

Die Lichtnelke, *Lychnis coronaria*, soll, so wird erzählt, dem Badewasser der Aphrodite entsprossen sein. Die Heimat der Pflanze ist Bulgarien. Plinius hielt sie trotz ihres fehlenden Duftes für eine Rose, und die Blüten wurden in Girlanden gebunden, mit denen man die Sieger bei Sportwettkämpfen schmückte. Die danach benannte ›Rose Campion‹ hat sich in ganz Europa ausgebreitet. Sie war die erste ihrer Gattung, die *Lychnis*, ›Lampenblume‹, genannt wurde, da die Haare ihrer Blätter gesammelt und als Lampendochte verwendet wurden.

L. coronaria wurde um die Mitte des vierzehnten Jahrhunderts in England unter dem Namen ›Rose-Campy‹ gezogen. Thomas Fairchild hat in seinem 1722 erschienenen Buch *The City Gardeder* die *Lychnis coronaria* als eine für Londoner Verhältnisse außergewöhnliche Pflanze bezeichnet.

Die weißblühende Sorte ist schon um 1600 erschienen. Gefüllte magentarote und weiße Varietäten waren im achtzehnten Jahrhundert große Mode, scheinen heute aber verschwunden zu sein. Um 1750 hat Mr. Drummond, ein Samenhändler aus Edinburgh, ›The Painted Lady Rose-Campion‹ verkauft. Sie scheint einer weißen Varietät mit kirschrotem Auge entsprochen zu haben, wie sie heute gezogen wird. Die *Lychnis coronaria* wurde nach Nordamerika gebracht und hat sich dort gut eingelebt. Manchmal bildet sie noch fern aller Gärten eigene kleine Kolonien in der freien Natur.

LYCHNIS CARYOPHYLLACEAE
Lichtnelke
LYCHNIS CHALCEDONICA
Brennende Liebe, Jerusalemkreuz
LYCHNIS CORONARIA

Lange Zeit gab es in den modisch feinen Kreisen große Kontroversen über das grelle Magentarot der Stammform. Ihre Beliebtheit nahm zu oder ab mit dem Urteil von Trendsettern in der Gartenkultur. Manche hielten die Blumen, die in großem Stil gezogen wurden und billig waren, für ausgesprochen vulgär.

L. chalcedoncia ist eine andere sehr alte Spezies. Obgleich sie in Rußland heimisch ist, wurde sie in Gärten der Türkei gezogen und ist wahrscheinlich mit rückkehrenden Kreuzrittern durch Europa gereist. Diese Theorie wird durch die Tatsache erhärtet, daß sie wie in England auch in Frankreich, Spanien, Italien und Deutschland Jerusalemkreuz genannt wird. Die leuchtendroten Blüten haben die Form eines Malteserkreuzes, weshalb die Art in Portugal auch ›Malte-

Alte Meßgefäße enthalten Lichtnelken, Edelweiß *(Leontopodium alpinum)*, *Chamaebatiaria millefolium*, Storchschnabel *(Geranium cantabridgense)* und Salbeiblätter. UNTEN: Die gefüllte Form der Brennenden Liebe *(Lychnis chalcedonica)* ist durch eine sorgfältige Vermehrung erhalten geblieben. GEGENÜBER: Die kräftigen Farben der Lichtnelke *(Lychnis coronaria)* werden hier mit Gottvergeß *(Ballota pseudodictamnus)* kombiniert.

serkreuz‹ genannt wird. Chalcedon war eine Stadt am Eingang des Bosporus, und *chalcedonica* bezieht sich auf die zweite türkische Heimat der Pflanze und auch auf ihre Farbe – ›chalkos‹ ist das griechische Wort für Kupfer.

Die Brennende Liebe oder das Jerusalemkreuz war sofort eine Sensation in England, wo sie mit ihrer feurigen Farbe im frühen Sommer eine Ausnahme bildete. Im Laufe der Zeit, als sie sich über die ganze Insel ausgebreitet hatte, bekam sie eine Reihe volkstümlicher Namen – zum Beispiel ›Campion of Constantinople‹, ›Scarlet Lightning‹ und ›Bridget-in-her-bravery‹. Der letztere erinnert an die irische Heilige und deren großen Gerechtigkeitssinn. Die Stadt Bristol, die für ihre roten Tuche bekannt ist, hat das Jerusalemkreuz zu ihrem inoffiziellen Emblem erkoren, und in der Nachbarschaft wurde sie ›Flower of Bristow‹ (Bristol) genannt.

Die gefüllte Sorte 'Rubra Plena' war um 1629 bekannt, und Parkinson war begeistert. »Diese herrliche Blume, die nicht nur selten, sondern auch schön ist«, schrieb er, »bedarf der Genauigkeit eines Buchhalters, sie zu pflegen und zu erhalten.« Es grenzt schon fast an ein Wunder, daß sie überlebt hat, da die gefüllte Form nur durch Teilung oder Stecklinge vermehrt werden kann, während sich die einfache Form aus Samen ziehen läßt. Sie war um 1850 in den Vereinigten Staaten erhältlich, ebenso wie eine weiße gefüllte Form, die seit dem Ersten Weltkrieg nicht mehr erwähnt wird. 'Rubra Plena' ist immer noch selten.

Diese beiden *Lychnis*-Arten haben eine fast vierhundertjährige Kultivierung in fremden Ländern überlebt, da sie sehr zäh sind. Sie brauchen mindestens einen halben Tag Sonne, verlangen aber wenig Pflege. *L. coronaria* erreicht eine Höhe von 60 cm und gedeiht sogar in einem nährstoffarmen, relativ trockenen Boden. Die Blatthorste am Fuße der Pflanzen sehen so aus, als ob sie aus grauem Flanell herausgeschnitten wären. Die Lichtnelken zeichnen sich durch eine lange Blütezeit während des Sommers aus. *Lychnis coronaria* läßt sich schön mit blaßrosafarbenem Storchschnabel, der weißen Form der gleichzeitig blühenden Herzblume, *Dicentra eximia*, und königsblauem Rittersporn kombinieren.

Die Brennende Liebe, *L. chalcedonica*, wird 1,20 m hoch und bildet dicke, langlebige Horste. Sie ist ganz besonders winterhart und blüht üppig in 3000 m hoch gelegenen Gärten im Gebirge.

LYSIMACHIA PRIMULACEAE Felberich

LYSIMACHIA CLETHROIDES Schneefelberich

LYSIMACHIA PUNCTATA Goldfelberich

Nach der Legende soll ein tapferer König von Thrakien dadurch einen tobenden Bullen unerschrocken in der Bahn gehalten haben, daß er Blütenstiele von gelbem Felberich vor seinen Augen hin- und herschwenkte. In Übersetzungen der Schriften von Plinius d. Ä. aus dem sechzehnten Jahrhundert heißt es: »Es trägt und bewahrt den Namen von König Lysimachus ... dem ersten Entdecker der Beschaffenheit und der Kräfte dieses Krautes.«

Blütenstiele des Felberich wurden in früherer Zeit an die Deckenbalken gehängt, um Fliegen zu vertreiben. Sie wurden auch verbrannt, um mit dem Rauch Schlangen zu verjagen.

L. punctata wurde auf jeden Fall um 1820 in englischen Gärten gezogen, kann aber schon viel früher eingeführt worden sein. Dieser in Kleinasien heimische Felberich hat mit der wilden englischen Spezies *L. vulgaris* große Ähnlichkeit, so daß Unklarheit darüber entstanden ist, von welcher Pflanze in den älteren Quellen die Rede ist. Der Neuankömmling *Lysimachia punctata* wollte auch am liebsten in der freien Natur wachsen, und man findet ihn überall in Europa und Teilen Amerikas an Teichufern und in Gräben. Im Garten entwickelt er im Sommer 90 cm hohe Horste mit leuchtendgelben Blüten. Die einzelnen Blüten mit einem Durchmesser von 2,5 cm sind in Quirlen angeordnet, die dicht an den Stielen sitzen. Jeder Blütenkreis wird von einer Art Untersatz aus olivgrünen Blättern eingerahmt.

Eine weiße Spezies ist im Jahre 1869 aus China eingeführt worden und in die Gärten gelangt. *L. clethroides* besaß den Charme und die Beschaffenheit, sofort ein Klassiker zu werden. Ihre unzähligen, aus fünf Blütenblättern bestehenden Blüten von fast 1 cm Durchmesser bilden schlanke Trauben, die die Botaniker an die Bütentrauben der Scheineller (Scheinerle) erinnerten, woraufhin sie ihr die Bezeichnung *clethroides* gegeben haben. Zur Blütezeit neigen sich alle ihre Blütenähren elegant in eine Richtung wie unter der Einwirkung einer ständigen steifen Brise. Man hat ihr so phantasievolle Namen wie ›Old Gooseneck‹ und ›Shepherd's-crook‹ gegeben. Peter Henderson hat diese Spezies schon vor mehr als hundert Jahren amerikanischen Gartenfreunden empfohlen und beschreibt sie als »eine elegante und schöne Pflanze von 60–90 cm Höhe mit langen, dichten, nickenden weißen Blütenähren und Blättern, die im Herbst in wunderbaren Tönen leuchten«.

Die Bedürfnisse der *L. punctata* sind ganz einfach, da sie sich in den meisten Böden in der Sonne oder im Halbschatten wohlfühlt. Die gelben Blütenstiele haben hohen schmückenden Wert in gefiltertem Licht, wo sie hinter dem Laub von Funkien oder zusammen mit Mutter-

Eine überhängende Rose hat ihre Blütenblätter wie Konfetti über dem Felberich *(Lysimachia punctata)* ausgestreut, der hier an der Uferböschung eines Teiches prächtig gedeiht. GEGENÜBER: Mit seinen Wurzelausläufern kann der Felberich große Flächen feuchten Bodens in Waldlandgärten bedecken. VIGNETTE: Der Felberich *Lysimachia clethroides* trägt in England den Namen ›Old Gooseneck‹.

kraut am natürlichsten wirken. Die Pflanzen lassen sich im Frühjahr oder im Sommer leicht teilen oder können aus Wurzelstecklingen sowie Samen gezogen werden.

Lysimachia clethroides ist wegen der Fülle seiner gebogenen, weißen Blütenköpfe einzigartig und von unschätzbarem Wert. Große Gruppen, die an weiße Schaumkronen erinnern, bringen Bewegung in jede Art der Bepflanzung. Die zart graue Färbung der Blüten wirkt besonders schön zusammen mit rosafarbenen Blumen wie dem Sonnenhut, *Rudbeckia purpurea (Echinacea purpurea)*, und der rosa Form des Schleierkrauts. Auch mit den stahlblauen Blüten der Stranddisteln und der Kugeldisteln, *Echinops ritro*, kommt der Felberich zu großer Wirkung.

Beide *Lysimachia*-Arten hat man wegen ihrer starken Wurzelausläufer kritisiert. Das ist etwas ungerecht, denn in trockenen Verhältnissen sind sie von geradezu vorbildlichem Anstand. Sie wuchern nur in feuchten Böden, wo sie große Kolonien bilden können. Große Gruppen des gelben Felberichs *Lysimachia punctata* sind oft ein schöner Anblick in halbschattigen Waldlandgärten. Sie sind ausgezeichnet geeignet, die Bodenerosion an Böschungen aufzuhalten. Es ist jedem Gartenfreund überlassen, entsprechend den gegebenen Voraussetzungen, was Regenfall und Bodentyp anbelangt, den passenden Standort für den Felberich auszuwählen.

Ein Armvoll Felberich *(Lysimachia clethroides)* in einer Baritontuba. GEGENÜBER: Die elegant gebogenen Blütenähren des Felberichs *(Lysimachia clethroides)* vermitteln im Garten ein Gefühl von ständiger Bewegung.

Malva alcea ist die rosafarbene Malve, die seit ungefähr zweihundert Jahren in englischen Staudengärten gezogen wird. Die Pflanzen wachsen wild in vielen Teilen Europas, einschließlich Frankreichs, Belgiens und Dänemarks. Ihre rosafarbenen Blüten, die sich aus fünf Blütenblättern zusammensetzen, wirken ausgesprochen altmodisch und passen am besten in Gärten, die von Pfahlzäunen umgeben sind und ihrerseits weiße, verschindelte Häuser einrahmen. Sie sind nicht nur schön, sie gehören auch zu einer Familie mit einer interessanten Geschichte.

Die Malven sind eine riesige Pflanzenfamilie, die *Malva, Althaea* und *Lavatera* umfaßt. Zu ihnen gehört auch die Stockrose *Althaea rosea*, über lange Zeit ein Liebling der Gärtner, und der Echte Eibisch, *Althaea officinalis*. Die Wurzeln der letzteren lieferten den klebrigen Saft, der zur Herstellung eines süßen Konfekts (›Marsh mallows‹) verwendet wurde. Der italienische Botaniker Pietro Andrea Matthiolo, Arzt Kaiser Maximilians II., hat in der Mitte des sechzehnten Jahrhunderts über den medizinischen Wert der Malve berichtet und folgendes empfohlen: »Die mit etwas Salz und Honig zerstampften Blätter heilen Augenfisteln, die bis in die Nähe der Nase reichen. Stiche von Wespen oder Bienen lassen sich gut damit behandeln.« Er berichtet auch, daß die Blätter gekocht und mit Öl vermischt als Heilmittel gegen Antoniusfeuer oder gegen Wundrose, eine infektiöse Hautkrankheit, verwendet werden könne.

In der freien Wildnis fällt die rosafarbene Malve unterschiedlich aus. Die aufrechte Form der *Malva alcea*, genannt 'Fastigiata', wurde zuerst im Jahre 1820 gezogen und ist heute am verbreitetsten. 1850 wurde sie in Nordamerika kultiviert. Nach Joseph Breck stammt sie aus Deutschland. Ihre aufrechten, verzweigten Stiele, die eine Höhe von 90 cm erreichen, sind mit gelappten Blättern besetzt. Ihre rosafarbenen, tassenförmigen Blütenbüschel entwickeln sich an den oberen Stielen. Ähnlich wie kleine Stockrosen haben ihre glänzenden Blüten leicht gekräuselte Blütenblätter und eine heraustretende Mitte, die mit elfenbeinfarbenen Pollen bestäubt ist. Ihre Blütezeit erstreckt sich vom Juni bis zum August und auch darüber hinaus.

Im Garten bildet die rosafarbene Malve eine harmonische Gemeinschaft mit Blumen in einem dunkleren Rosa, zum Beispiel mit Phlox, blaßfarbenen Taglilien oder Schafgarbe. Die Blüten wirken großartig vor dunklen Sträuchern. Die Pflanzen lieben die Sonne und gedeihen am besten in einem mit Kompost oder Dünger angereicherten normalen Gartenboden. Die rosafarbene Malve ist winterhart und recht widerstandsfähig. Sie wird im Frühjahr oder Herbst durch Teilung oder Samen vermehrt. Sie sät sich nur selten selbst aus.

MALVA ALCEA
MALVACEAE
Malve

LINKS: Aus den Wurzeln der *Althaea officinalis* wurde das süße Konfekt hergestellt. RECHTS: Stockrosen (*Malva alcea* 'Fastigiata') blühen vor einem Perückenstrauch *(Cotinus coggygria)*. GEGENÜBER: Dieses klassische Farbschema besteht aus Stockrosen, Schafgarbe (*Achillea x taygetea* 'Sheilagh') und *Phlox paniculata*.

Jahrhundertelang wußten die Gärtner, daß umgepflanzte Katzenminze den Katzen anheimfällt, während Sämlinge aus direkter Aussaat in der Regel nicht von ihnen angerührt werden.

Seit spätestens 1265 haben Gärtner besondere Freude daran gefunden, ihre Tiere unter dem Einfluß der Katzenminze zu beobachten. *Nepeta cataria*, die wilde Echte Katzenminze der britischen Inseln, ist eine bescheidene Pflanze mit kleinen weißen Blütenzweigen und einer starken Anziehungskraft – jedenfalls für Katzen. Im Jahre 1700 hat der Botaniker J. Pitton de Tournefort in seinem Kräuterbuch *The Compleat Herball* die Reaktion französischer Katzen auf *Nepeta* so beschrieben: »Wenn eine Katze sie gerochen hat, macht sie sich (selbst ohne sie schon wirklich gesehen zu haben) entzückt darüber her, stürzt sich wie wild hinein, tollt um sie herum, reibt sich in den merkwürdigsten Haltungen ausführlich und lange an ihr und spielt mit ihr; schließlich frißt sie sie vollständig auf.« Man glaubte auch, daß Katzenminze eine Wirkung auf Menschen habe. So wurde behauptet, ein sanftmütiger, unterwürfiger Mensch werde durch den Verzehr der Pflanzen kühn und mutig.

Katzenminzen sind Mitglieder der Minzenfamilie Labiatae. Der Ursprung des Namens *Nepeta* ist ungewiß, wenn er vielleicht auch von der alten Etruskerstadt Nepete abgeleitet ist, in der es von Katzen gewimmelt haben mag.

Die mauvefarbene Katzenminze der Gärten ist *Nepeta x faassenii*, eine sehr

OBEN: Die eleganten Blütenstiele der Katzenminze *(Nepeta x faassenii)* sind in einem farbig glasierten Gefäß mit Fingerhut *(Digitalis purpurea)* und *Impatiens capensis* zu einem Strauß gebunden.
UNTEN: Katzenminze blüht im Juni zusammen mit Nelken (*Dianthus arenarius* 'White Lace').

alte und zufällig entstandene Hybride zwischen den europäischen Spezies *N. mussinii* und *N. nepetella.* Sie ist seit 1784 bekannt, und ihre zarten Blütenähren sind seitdem unentbehrlich. Die kleinen gezähnten, grauen Blätter der buschigen Pflanzen werden im Juni von einem Blütenflor bekrönt, der sich wie eine lavendelblaue Nebelwolke über den Pflanzen ausbreitet. Gertrude Jekyll hatte eine Technik entwickelt, die Blütezeit der Katzenminze zu verlängern. Sie schrieb: »Ihre normale Blütezeit ist im Juni. Schneidet man sie aber auf die Hälfte zurück und entfernt auf diese Weise die erste Blüte, bildet sie schon Mitte des Monats wieder neue Blütentriebe.« Wendet man diese Methode an, blüht sie bis in den Herbst. Es gibt sowieso keinen Grund, die verblühten Blüten stehenzulassen, da die *N. x faassenii* steril ist. Ihre aufrechten Stiele erreichen eine Höhe von 50 cm; die Pflanzen breiten sich auch auf eine Fläche von gleicher Abmessung aus. Mehrere Gartenformen und Gartenhybriden – zum Beispiel die Sorte 'Six Hills Giant' – werden häufig gezogen.

Die echte *N. mussinii,* für die die ebengenannte Hybride oft fälschlicherweise gehalten wird, hat einen lockeren, mehr kriechenden Wuchs und erreicht eine Höhe von 30 cm. Ihre lavendelfarbenen Blüten setzen reichlich Samen an. *N. sibirica* ist 1760 nach England gekommen. Ihre 90 cm hohen, üppigen Blütenstiele verleihen dem Garten im Sommer eine kühle Note.

Die lavendelfarbene Katzenminze wirkt nicht so anziehend wie die wilde Echte Katzenminze, aber die Katzen wälzen sich auch in ihr gern. Da sie steril

NEPETA LABIATAE
Katzenminze

NEPETA CATARIA
Echte Katzenminze

NEPETA X FAASSENII

NEPETA SIBIRICA

Es gibt ein altes Sprichwort über das Ziehen von Katzenminze:
If you set it, the cats will get it;
If you sow it, the cats won't know it.

Lavendelfarbene Katzenminze *(Nepeta sibirica)* bildet einen schönen Rahmen für Türkenmohn, Geißbart und Storchschnabel.

ist, kann sie nicht ausgesät werden. Ein paar geschickt verteilte Rosenstäbe könnten die Katzen fernhalten, wenn man nicht lieber nur zur Freude der Katzen ein paar Exemplare der wilden Spezies in einem separaten Bereich ziehen will. Mein Nachbar pflanzt *N. cataria* in Hängekörbe, um im Sommer für seine Katzen einen ständigen Vorrat zu haben. Selbst diese sind auf geheimnisvolle Weise zu Boden gestürzt, und niemand hat herausbekommen, wie es die klugen und geschickten Katzen bewerkstelligt haben, die Töpfe von ihrem 2,40 m hohen Ständer herunterzuholen. Die aromatischen Blüten können in Sträuße oder Gestecke gebunden werden – aber nur in Häusern, die gegen Nachbarkatzen geschützt sind, wie ich habe lernen müssen.

Nepeta ist in der Staudenrabatte oder im Kräutergarten von großer Wirkung. Gegen Ende des viktorianischen Zeitalters wurde Katzenminze gelegentlich in Reihen oder geometrischen Mustern angepflanzt. Der blasse Lavendelton paßt gut in Farbschemen aus reinen Pastelltönen. So läßt er sich wunderbar mit Pflanzen wie Wollziest, *Stachys byzantina,* rosafarbenen Rosen und Storchschnabel kombinieren. Die Blüten der Katzenminze bilden auch eine harmonische Gemeinschaft mit Blumen in dunklerem Purpur wie Salbei oder Iris, oder mit karmesinroten oder orangefarbenen Blüten.

Obgleich *N. x faassenii* und *N. mussinii* auch sehr kalte Winter überstehen, können sie schlecht drainierte Böden nicht vertragen und sterben unter Umständen im Winter ab. Die Lösung ist wiederum die Wahl eines Bodens in den trockenen Partien des Gartens, in dem das Wasser schnell abläuft. Pflanzen, Teilen und das Abschneiden der abgestorbenen Stiele sind Arbeiten, die man sich am besten für das Frühjahr aufhebt. Die Echte Katzenminze mag nicht soviel Sonne und benötigt mehr Wasser.

ORIGANUM LABIATAE
Dost

ORIGANUM DICTAMNUS
Kretischer Diptam

ORIGANUM VULGARE
Origano, Wilder Majoran

VIGNETTE: *Origanum vulgare.* GEGENÜBER: Kretischer Diptam *(Origanum dictamnus)* wird in der kalten Jahreszeit im Wintergarten gezogen.

Die verschiedenen Arten der Gattung *Origanum* sind nicht nur von großem Wert in der Küche und deshalb so beliebt, sie sind auch wertvolle Zierpflanzen. Der Name leitet sich von ›origanon‹ her, dem griechischen Wort für diese aromatischen Mitglieder der Minzefamilie, und soll ›Freude der Berge‹ bedeuten. Mehr als dreißig ›fröhliche‹ Spezies sind in ganz Europa und Asien entdeckt worden. Sie sind aber in der Mittelmeergegend vorherrschend, wie zu erwarten war.

Die Griechen haben das Kraut sehr geschätzt und glaubten, *Origanum* habe deshalb sein würziges Aroma, weil es von Venus berührt worden sei. Frisch Vermählten wurden Kränze aus *Origanum* aufgesetzt. Und da man glaubte, ein Toter könne ohne das Kraut nicht in Frieden schlafen, wurde *Origanum* auch auf Gräber gepflanzt.

Die Namen ›Origano‹ und ›Majoran‹ werden ziemlich unterschiedslos verwendet, obgleich mit dem letzteren heute gewöhnlich *Origanum majorana* gemeint ist, eine frostempfindliche, mehrjährige Pflanze, die als Einjährige gezogen wird. Die in getrockneter Form zum Würzen von Nudeln und Pizza verwendete Spezies ist *O. vulgare*, das in Europa wild wächst und heute auch in Teilen Amerikas heimisch geworden ist. Um alles noch komplizierter zu machen, wird diese *Origanum*-Art häufig ›Wilder Majoran‹ genannt. *O. vulgare* besitzt winzige, rosafarbene Blüten an drahtigen Stielen, aus denen vor langer Zeit die Farbe Mauve gewonnen wurde.

Der Kretische Diptam *O. dictamnus* machte sehr früh seinen Weg von der Insel Kreta bis nach England. Ein Kochbuch aus dem fünfzehnten Jahrhundert verlangte ›Dytayn‹ in seinen Rezepten. Abgesehen von seinem Aroma hatte er noch andere Vorzüge. Im Jahre 1551 erklärte William Turner, wie man das Kraut verwenden solle, um Splitter und Dornen zu entfernen. Er berichtete auch: »… wenn der Geruch giftige Tiere erreicht, jagt er sie davon, und wenn er an ihnen hängen bleibt, tötet er sie …« Tournefort hat daran in seinem Kräuterbuch von 1700 gezweifelt: »Das ist zuviel, um wahr zu sein …« Dennoch wurden bis zu Beginn der viktorianischen Zeit Zweige von Kretischem Diptam in den Räumen aufgehängt, um Fliegen und andere »giftige Tiere« zu vertreiben.

Wenn der Wilde Majoran auch nicht zu den spektakulären Blumen zählt, ist er doch den ganzen Sommer über selten ohne Blüten. Sie haben einen Durchmesser von 6 mm und sitzen an 60 cm hohen, aufrechten Stielen in lockeren Trauben zusammen. Seine Stiele und Brakteen sind dunkel getönt, wodurch die Pflanze insgesamt einen staubigen Purpurton bekommt. Sie harmoniert gut mit dem silbernen Laub des Hornkrauts, *Cerastium tomentosum*, und vielen Nelkenvarietäten. Eine bemerkenswerte Varietät des Wilden Majorans ist die Sorte 'Aureum', die sich durch chartreusegelbe Blüten auszeichnet. Ihre Farbe, die am besten zur Wirkung kommt, wenn die Pflanze in voller Sonne steht, hebt die leuchtenden Farbtöne der Grasnelke, *Armeria maritima*, oder des Purpurglöckchens, *Heuchera sanguinea*, hervor. Darüber hinaus beleben ihre Blätter das düstere Laub des purpurblättrigen Salbeis oder des bronzefarbenen Fenchels. Wilder Majoran ist besonders winterhart. Er benötigt ein Plätzchen mit einem normalen oder sogar nährstoffarmen Boden, das den größten Teil des Tages besonnt ist. Sämlinge, die sich selbst ausgesät haben, setzen sich gerne in malerische Eckchen.

Die wolligen, weißen Blätter des Kretischen Diptams sind schön gefleckt. Sie sitzen an steifen Stielen und erinnern an Eukalyptusblätter. Die winzigen, rosafarbenen Blüten hängen von einander überlappenden Brakteen herab, die sich allmählich dunkelrosa färben. Der Kretische Diptam hat eine kräftige Konstitution, aber er ist nichtsdestoweniger in Klimaten, die kälter sind als Washington D.C., nicht winterhart. Deshalb wird er oft in Terrakottatöpfen gezogen, die man ins Haus nehmen kann. Er wird selten zum Kochen verwendet, obgleich er ein Bestandteil des Vermouth ist.

PHYGELIUS CAPENSIS SCROPHULARIACEAE

Kap-Fuchsie

Die Kap-Fuchsie *(Phygelius capensis)* erreicht eine Höhe von 1,80 m. GEGENÜBER: Die röhrenförmigen Glocken der *Phygelius capensis* drehen sich nach innen auf ihre Stengel zu. In diesem Gesteck sind sie mit Samenständen der Wiesenraute *(Thalictrum aquilegifolium)*, lavendelfarbenem *Agastache foeniculum* und den gefleckten Blättern des Lungenkrauts *(Pulmonaria officinalis)* kombiniert.

Bei der Erforschung des südlichen Teils von Afrika hat man eine abwechslungsreiche Flora von exotischer Schönheit entdeckt. Nicht der kleinste Fund war im Jahre 1850 die Kap-Fuchsie, *Phygelius capensis.* In Südafrika trägt sie den schönen Namen ›River Bells‹, da man sie dort in der freien Natur an Bach- und Flußufern entdecken kann. Der botanische Name ist griechischen Ursprungs, aber seine Bedeutung ist nicht ganz klar. *Capensis* bezieht sich auf ihre Heimat, das Kap der Guten Hoffnung.

Sie gehört zur Familie der Scrophulariaceae, die solche Gartenlieblinge wie Fingerhut, Bartfaden, Ehrenpreis und Löwenmäulchen zur ihren Mitgliedern zählt. Die Kap-Fuchsie überragt sie alle; in günstigen Verhältnissen erreicht sie mitunter eine Höhe von 2,40 m. Sie wurde zu einer beliebten Pflanze. Die Amateurmalerin Alice Drummond-Hay hat um 1890 alle Gartenblumen ihrer schottischen Heimat in Gemälden festgehalten. Auf einem dieser Bilder ist *Phygelius* in Wasserfarbe zusammen mit Schleierkraut und Fingerhut, *Digitalis grandiflora*, deutlich dargestellt. Das zeigt, daß die Kap-Fuchsien auch in solchen Gegenden der Britischen Inseln gezogen wurden, wo ausgesprochen kalte Winter herrschen.

In mildem Klima entwickelt *Phygelius* holzige Stengel, die über die Jahre stehenbleiben. In kälteren Gegenden wird die Pflanze jeden Winter bis zum Boden zurückgeschnitten. Jedes Frühjahr bringt sie dann erneut schlanke, belaubte Stiele hervor. Die glänzenden, dunklen Blätter haben Ähnlichkeit mit denen von Fuchsien. Ihre Blüten sind wie bei einem Kandelaber in Reihen übereinander angeordnet. Die herabhängenden, röhrenförmigen Blüten in schönem Korallenrot drehen sich auf die Stengel zu. Der Farbton ist im Innern der Trompeten kräftiger. Wenn sich die spitzen Blütenblätter öffnen, wird der gelbe Schlund sichtbar. Die leuchtend scharlachroten Blüten der Varietät 'Coccineus' bleiben der Stammspezies ähnlich, nur ist ihr gelber Schlund dunkler getönt. Die Kap-Fuchsien blühen vom Hochsommer bis zum Frost. Sie sind dekorative Begleitpflanzen zu spätblühenden Lilien und Astern. Oft werden sie vor Südmauern gepflanzt, wo ihre interessanten Blütenstiele einen kräftigen architektonischen Akzent setzen. Die Horste breiten sich allmählich über eine Fläche von 90 bis 120 cm Durchmesser aus.

Die Kap-Fuchsie überlebt in sandigem, gut durchlässigem Boden sehr kalte Winter. In einem nassen, lehmigen Boden können die Pflanzen eingehen. Sie sollten in heißen Trockenperioden gut gewässert werden.Sie bevorzugen Sonne, geben sich aber auch mit Halbschatten zufrieden. Sie lassen sich durch Wurzelstecklinge vermehren.

PLATYCODON GRANDIFLORUS
CAMPANULACEAE
Ballonblume

Gäbe es nicht eine kleine Besonderheit an ihren Samenkapseln, gehörte diese Blume zu den Hunderten von Pflanzen der Gattung *Campanula.* Statt dessen haben die Botaniker sie einer eigenen Gattung, *Platycodon,* zugeordnet, von der es nur eine einzige Spezies, *grandiflorus,* gibt. Ihre Samenkapseln öffnen sich nämlich oben durch Klappen und nicht durch seitliche Poren wie bei Pflanzen der Gattung *Campanula.* Die Ballonblume ist eine der wenigen Blumen, bei denen die Knospen genauso hoch geschätzt werden wie die Blüten. Ihr besonderer Reiz liegt darin, daß sich ihre Knospen wie Heißluftballons aufblasen. Es gibt wenige Namen, die auf eine Pflanze so gut passen, wie die Bezeichnung Ballonblume. Der lateinische Name leitet sich von griechisch ›platys‹ (breit) und ›kodon‹ (Glocke) ab – was zwar recht gut auf die Blüte paßt, das Wesentliche aber nicht trifft.

Ballonblumen waren ursprünglich in China und Sibirien heimisch und wurden offiziell im Jahre 1782 im englischen Garten eingeführt, obgleich es durchaus sein kann, daß Gerards ›Blaue Glockenblume aus China‹ eine Ballonblume gewesen ist. Damit wäre sie schon im Jahre 1597 in England aufgetaucht, müßte aber zu dieser Zeit auf jeden Fall noch sehr selten gewesen sein. Russische Naturwissenschaftler haben bei einer Expedition nach Sibirien die Pflanze in der freien Natur gefunden, und Johann Gmelin hat einen Bericht über ihre Funde im Jahre 1754 veröffentlicht. *Platycodon* ging der Zucht verloren, wurde aber von Robert Fortune nach seiner Chinareise im Jahre 1842 wieder eingeführt.

Die ursprüngliche Spezies hat einen mehr kriechenden Wuchs. Der Pflanzensammler Charles Maries kehrte im Jahre 1879 mit einer kompakteren Art aus Japan zurück. Die Varietät 'Mariesii' verdrängte das Original und ist heute ein Klassiker. 'Mariesii' wurde schnell nach Neuengland geschifft, und Peter Henderson schrieb im Jahre 1890 von »einer neuen zwergwüchsigen Varietät aus Japan ..., einer besonderen und ausgesprochen angenehmen Rabattenpflanze«. Wie die Heideteppiche schottischer Moore sollen sich Ballonblumen teppichartig über einige Täler in Japan ausgebreitet haben. Im Orient als Heilpflanze verwendet, wurden sie mit Absicht oder durch Zufall anstelle von Ginsengwurzeln in den Westen verschifft.

Die Pflanzen treiben verhältnismäßig spät im Frühjahr aus. Ihre Blätter an 60 cm langen Stielen sind blaugrün. Ballonblumen blühen über mehrere Wochen im Spätsommer. Die winzigen Knospen sind zu Anfang blaßgrün, nehmen aber einen Lavendelton an, sobald sie sich aufblasen. Die Blütenblätter sind innen und außen in einem dunkleren Purpurton geädert. Die Blüten messen zwischen 5 und 7,5 cm im Durchmesser und neigen sich leicht nach unten. Dieser alte Gartenliebling ist ebenso gut für den Schnitt geeignet wie für den Vordergrund einer Rabatte. Mit einem Rock aus Frauenmantel oder Nachtkerzen kann man seine staksigen Beine leicht verdecken.

Ballonblumen gedeihen mit einem Minimum an Pflege in den verschiedensten Böden. Am besten wählt man einen sonnigen Standort in einem nährstoffreichen Boden, der gut die Feuchtigkeit hält. In Gegenden mit kalten Wintern ist eine Mulchschicht oder andere Abdeckung notwendig. Die Pflanzen sind fast völlig frei von Ungeziefer und Krankheiten.

Die Knospen der Ballonblume *(Platycodon grandiflorus)* sind anfangs grün und nehmen allmählich einen Lavendelton an, bevor sie sich schließlich öffnen. Die Blumen gehören seit dem neunzehnten Jahrhundert zu den Lieblingsblumen des Cottage-Gartens. GEGENÜBER: Eine Terrine, geschmückt mit einem Strauß aus alten Lieblingsblumen in kühlen Farbtönen: Ballonblumen, Borretsch *(Borago officinalis)* und blaß lavendelfarbene Blütenähren der *Hosta sieboldiana*.

RUTA GRAVEOLENS RUTACEAE

Raute

OBEN LINKS: Die Raute *(Ruta graveolens)*, hier in Gesellschaft mit der amerikanischen Wildblume *Lobelia syphilitica*, setzt in einem terrassierten Kräutergarten Samen an. MITTE: Die senfgelben Blüten der Raute *(Ruta graveolens)* unterstreichen die bläuliche Färbung ihres fein gegliederten Laubs, von dem Plinius der Ältere gesagt hat, es sei in vergangenen Zeiten von Künstlern verzehrt worden, um die Fähigkeit des ›zweiten Gesichts‹ zu erlangen.

Die alten Griechen waren geplagte Leute. Sie hatten Götter, die verehrt werden mußten, wollte man nicht schreckliche Folgen riskieren. Man konnte Zauber wirken, aber auch selbst verzaubert werden. Alle möglichen giftigen Tiere bevölkerten die

Erde, und noch schlimmere gab es ihrer Vorstellung nach an deren entlegenen Rändern. Von einer Pflanze glaube man aber, sie könne den Menschen beschützen – von der Raute, *Ruta graveolens*. Der Geruch ihrer zerriebenen Blätter weckte schon in frühester Zeit die Vorstellung, sie müsse Zauberkräfte besitzen.

Von den in Wein gekochten Samen behauptete man, sie seien ein Gegengift gegen jedes andere Gift. Mit den Blättern schützte man sich gegen Hexerei. Plinius berichtet, »Graveure, Bildhauer und Maler essen regelmäßig Raute, um sich ihre Sehschärfe zu erhalten«. Es wurde auch behauptet, durch den Verzehr von Raute erlange man das zweite Gesicht. Das mag in gewisser Weise sogar stimmen, da große Mengen Raute hoch giftig sind und ein übermäßiger Verzehr zu neurologischen Störungen einschließlich Halluzinationen führen kann. Raute wurde auch zur Beruhigung bei Hysterie und als Heilmittel gegen Gelenkschmerzen und Gicht verwendet. Mit einer Mischung aus Raute, Wein und Pfeffer wurden Warzen behandelt. Ich bin ziemlich sicher, daß sie sich damit entfernen lassen.

Vielleicht mit den Römern, aber ganz sicher im Laufe des fünfzehnten Jahrhunderts gelangte die Raute – und mit ihr ihr Zauber – nach England. Die Kirche mußte nun die geheimnisvollen Vorzüge des Krautes mit der christlichen Lehre in Einklang bringen. Man verwendete Rautenzweige als Weihwasserwedel vor dem Hochamt und bei Exorzismen, weshalb die Raute ›Herb of Grace‹ (Gnadenkraut) genannt wurde.

In Zeiten, in denen die Pest oder andere Seuchen herrschten, trug man Raute bei sich, um sich vor Infektion zu schützen. Die Blätter wurden auf dem Boden der Gefängnisse und Gerichte ausgestreut, um den Ausbruch von Typhus zu vermeiden, der als ›Gefängnisfieber‹ bekannt war. Bezopfte Richter, die bei den Verhandlungen die Luft mit Kriminellen teilen mußten, hielten sich Sträußchen aus Raute und anderen aromatischen Pflanzen unter die Nase, um sich vor Krankheiten zu schützen.

Leider hat das ›Herb-of-grace‹ nahezu alle seine wunderbaren Eigenschaften eingebüßt. Nur sein Renommee als herrliche Gartenpflanze ist erhalten geblieben. Die zarten, spitzenartigen Blätter der Raute sind blau-grün, nahezu wasserfarben. Die Wirkung der Wasserfarbe wird im Sommer noch durch die winzigen senfgelben Blüten gesteigert. Die Horste werden ungefähr 60 cm hoch und 45 cm breit. Pflanzt man Raute, silberne Eberraute und mauvefarbenen Thymian zusammen, entsteht ein Farbenspiel aus gedeckten Tönen, das wie ein alter Wandteppich wirkt. Raute paßt in der Blumenrabatte auch gut zu gelbem Mädchenauge, *Heliopsis*, und Alant, *Inula*. Ich kann mir auch vorstellen, wie schön sich die fein eingeschnittenen Blätter der Raute neben den großartigen blauen Blättern der Funkie *Hosta sieboldiana* ausnehmen müßten. Gertrude Jekyll kombinierte die Raute mit großen Gruppen der blaßblauen Glockenblume *Campanula lactiflora* und einer weißen Staudenwicke und schrieb dazu: »Davor hat sich Raute ausgebreitet. Wie schön sie wirkt mit ihren mattgrauen Blättern, wie zarter Schatten. Und bekrönt wird sie von blaßgelben Blüten …«

Die Raute läßt sich leicht ziehen. Sie benötigt Sonne und einen gut durchlässigen, möglichst kalkhaltigen Boden. Sie ist winterhart; nur sehr kalte Winter überlebt sie nicht. Ungeziefer würde sich niemals an ihr vergreifen.

Ruta graveolens ist eine der wenigen Pflanzen, die deutlich auf Wappen abgebildet sind. Sie erscheint zum Beispiel auf der Halskette des Schottischen Distel-Ordens.

SANTOLINA
COMPOSITAE
Heiligenkraut

SANTOLINA CHAMAECYPARISSUS
SANTOLINA VIRENS

Santolina chamaecyparissus ist ein weiteres Kraut aus dem Mittelmeergebiet, das schon so lange in England gezogen wird, daß man den Zeitpunkt seiner Ankunft nicht mehr genau bestimmen kann. Turner erwähnt zum ersten Mal *Santolina* im Jahre 1548 unter den Namen ›Lavender Cotton‹ und ›Female Abrotatum‹. Das Heiligenkraut

ist mit Sicherheit zu Gerards Zeiten gezogen worden. Es erfreute sich wohl großenteils deshalb schon so frühzeitig und anhaltend großer Beliebtheit, weil es sich vorzüglich zum Einfassen von Beeten eignet. Die Knotengärten, die in der Tudorzeit so modern waren, bestanden zum großen Teil aus kurz geschnittenen Hecken dieses Krautes.

Da viele Kräuter mit würzigem Aroma und bitterem Geschmack in der Heilkunst verwendet wurden, glaubte man zunächst, daß auch das Heiligenkraut einen medizinischen Nutzen habe. Der Name *Santolina* wurde gerne von ›sanctum‹ (heilig) und ›linum‹ (Flachs) abgeleitet, also mit ›heiliger Flachs‹ übersetzt. Er wurde aber auch für die Verkleinerungsform von ›sancta‹ gehalten und könnte dann etwa ›kleines heiliges Kraut‹ bedeuten. Es war aber mit wenigen medizinischen Eigenschaften ausgestattet, und alle Anstrengungen, solche zu finden, waren erfolglos.

Der zweite Teil des Namens, *chamaecyparissus*, bezieht sich auf die Ähnlichkeit der Pflanze mit dem immergrünen Baum *Chamaecyparis*, der oft als ›falsche Zypresse‹ bezeichnet wird. *Santolina* gehört zur Familie der Compositae, der ›Korbblüter‹. Eine Spezies mit grünem Laub, *S. virens*, ist seit dem Anfang des achtzehnten Jahrhunderts gezogen worden. Ihre zarten, leuchtend grünen Blätter heben die gelben Blüten besonders hervor.

Heiligenkraut wird immer noch zur Einfassung von Beeten verwendet, wobei man es durch Beschneiden auf einer Höhe von 30 cm hält oder sich frei entfalten läßt, was auch sehr hübsch sein kann. Die steifen Stiele wachsen in runden Hügeln, und jeder einzelne trägt einen gelben Blütenkopf von nur 2,5 cm Durchmesser. Beschneidet man die Pflanzen nicht, werden sie 60 cm hoch, öffnen sich elegant zu allen Seiten und sind von unten bis oben mit Blüten bedeckt. Die angenehm nach Zedern duftenden Blüten können für Dekorationen oder für die Garderobe getrocknet werden.

Sowohl die graue als auch grüne Spezies der *Santolina* gedeiht in einem gut durchlässigen Boden in voller Sonne. Wie viele kleinblättrige mediterrane Kräuter ist auch diese Pflanze auf Trockenperioden mit hohen Temperaturen bestens eingestellt, da Größe und Farbe ihrer Blätter übermäßigen Wasserverlust durch Verdunstung verhindern. Sie sind ungenießbar für Ungeziefer und grasende Tiere. Heiligenkraut läßt sich auch gut in Gärten an der Küste verwenden, da es sich in salziger Meeresluft wohlfühlt. Damit ältere Pflanzen buschig bleiben, schneidet man sie gewöhnlich in der Mitte des Frühjahres zurück. Die *Santolina*, die immer als ausgesprochen empfindlich angesehen wurde, ist erstaunlich winterhart, wenn man sie in einen sandigen Boden pflanzt und im Winter mit Heu oder Blättern mulcht. Heiligenkraut in meinem Kräutergarten hat Temperaturen von minus 30° überstanden, wenn es dabei auch kräftig zurückgefroren ist. In milderen Klimaten gezogen, ist es immergrün bzw. ›immergrau‹. Pflanzen, die sich von einem kalten Winter erholen müssen, blühen später oder überhaupt nicht. Neue Pflanzen lassen sich leicht aus Stecklingen ziehen und brauchen mehrere Jahre, um sich zu voller Schönheit zu entwickeln.

Heiligenkraut *(Santolina virens)* bildet mit unzähligen Knopfblüten übersäte Hügel in einer sonnendurchtränkten Rabatte.
GEGENÜBER: Heiligenkraut *(Santolina chamaecyparissus)* bildet den Rahmen für Wiesenstorchschnabel *(Geranium pratense)* und junge knospige Dahlientriebe.

SCABIOSA CAUCASICA
DIPSACACEAE
Skabiose

Es gibt wenige Blumen von solcher Schönheit, die einen so wenig schmeichelhaften Namen tragen wie die Skabiose. Der Name *scabiosa* erinnert genau an den Verwendungszweck der Pflanze in der Vergangenheit – die Behandlung der Krätze, hervorgerufen durch eine besonders unangenehme Milbe, die unter der menschlichen Haut Eier ablegt. Die Folge ist ein unerträgliches Jucken. Jede in solchen Fällen hilfreiche Pflanze war hochwillkommen, und die Spezies der Skabiose, wie man sie schon damals genannt hat, wurden im fünfzehnten Jahrhundert zu diesem Zweck kultiviert.

Neben ihrer Verwendung als Heilmittel gegen Hautkrankheiten wurden in alten Zeiten mit *Scabiosa* Lungenkrankheiten und die Pest in ihrem ersten Stadium behandelt.

Die zuerst eingeführten Spezies waren die niedrigwachsenden lavendelfarbenen *S. graminifolia* (1683) und die schwefelgelbe *S. ochroleuca* (um 1700). Die beliebte Gartenblume *Scabiosa caucasica* gelangte aufgrund von Züchtungen von George Loddiges of Hackney im Jahr 1803 in die englischen Gärten. Der ihm zugeschickte Samen war im Kaukasus gesammelt worden. Die Entdeckung der Pflanze wird dem Forschungsreisenden und russischen Botschafter in England, Graf Apollon Apollosewitsch Mussin-Puschkin, zugeschrieben. In England bekam sie den Namen ›Pincushion Flower‹ (Nadelkissenblume).

Die wedgewood-blauen Blüten haben einen ganz eigenen Charme, vielleicht weil sie wie Satinkissen aussehen, in denen mit Perlköpfen versehene Nadeln stecken. Ein Kragen aus gefiederten Brakteen rahmt den Kreis aus ›Nadeln‹ ein, die in Wirklichkeit winzige Blüten sind. Sie öffnen sich hintereinander von außen nach innen und füllen schließlich die Mitte mit einem Flaum feiner Staubfäden. Die Blüten der *Scabiosa cancasica* mit einem Durchmesser von 7,5 cm öffnen sich im Juni.

Lange, drahtige Stiele halten die Blüten der *Scabiosa caucasica* hoch über die Blätter und machen sie zu einer duftigen Zierde des Beets; auch sind sie ideal als Schnittblumen. GEGENÜBER: Ein im Entstehen begriffenes Blumenarrangement in einer alten Zinndose umfaßt rosafarbenen *Phlox paniculata*, mahagonifarbene Blätter der *Perilla frutescens* und Skabiosen *(Skabiosa caucasica)*.

Die tief eingeschnittenen Blätter bilden niedrige grüne Hügel von 60 cm Breite. Die 50 cm langen Stiele, über denen sich die Blüten erheben, machen die Blumen für den Schnitt besonders geeignet. Die schöne weiße Form wurde zuerst gegen Ende des letzten Jahrhunderts gezogen, und es gibt Hybriden in verschiedenen Schattierungen von Lavendel und Blau. Die zarten blauen Blüten laden dazu ein, sie in ein Farbschema aus Rosa, Mauve und Rosenrot einzufügen. William Robinson sagte über die Scabiosa caucasica, sie sei die feinste Staude in seinem Garten und blühe vom Frühsommer bis zum Herbst.

Sonnenliebende Skabiosen gedeihen am besten in neutralen oder alkalischen Böden, die im Sommer feuchtgehalten werden, und in denen sich im Winter keine Nässe staut. Sie sind ziemlich winterhart und leicht zu pflegen. Sie lassen sich aus Samen ziehen. Wenn die alten Pflanzen nicht mehr so gut blühen, können sie ausgegraben, geteilt und in einen humusreichen, sandigen Boden wieder eingepflanzt werden.

Scabiosa gehört zu der kleinen Familie Dipsacaceae, die auch die Weberkarde *Dipsacus fullonum* ssp. *sativus* zu ihren Mitgliedern zählt. Die primelgelbe Riesenskabiose wird heute zum Ärgernis vieler Gärtner als *Cephalaria gigantea* (Schuppenkopf) geführt. Diese herrliche 1,80 m hohe, in Sibirien heimische Pflanze, die man viel zu selten sieht, wurde schon 1759 gezogen.

Die Binsenlilie *Sisyrinchium striatum* ist eine merkwürdige Pflanze. Auf den ersten Blick hält man sie wegen ihrer Blätter für eine Iris. Beim genaueren Hinschauen entdeckt man aber, daß ihre Blüten ganz anders aussehen. Es gibt über hundert Spezies der Gattung *Sisyrinchium*, von denen die meisten in Nord-und Südamerika heimisch sind. Im Gegensatz zu den meisten Binsenlilien, die durch schmale grasartige Blätter und blaue Blüten gekennzeichnet sind, hat *S. striatum* atypische speerförmige Blätter und gelbe Blüten. *Sisyrinchium* ist so schwer auszusprechen, daß man sich besser an den Namen Binsenlilie hält. Die lateinische Bezeichnung könnte aufgrund der Tatsache, daß Schweine die Wurzeln sehr schätzen, grob mit ›Schweineschnauze‹ übersetzt werden.

Die in Chile und Argentinien heimische Pflanze ist um 1788 in England eingeführt worden, man machte aber niemals viel Aufhebens um sie, vielleicht aufgrund ihres schwierigen Namens, oder, was noch plausibler ist, wegen des enormen Wandels in der Gartenmode, der sich kurz nach ihrer Einführung einstellte. Ihre graugrünen Blätter bilden kleine Horste, die nicht viel mehr als 30 cm hoch werden. Die Blütenstiele, die aus dem Laub aufragen, erreichen in der Regel eine Höhe von 60 cm. Sie besitzen kleinere Blätter, die zur Spitze hin noch kleiner werden. Am oberen Drittel der schlanken Stiele sind Blütenbüschel in gleichmäßigen Reihen übereinander angeordnet. Die mit sechs Blütenblättern

SISYRINCHIUM STRIATUM
IRIDACEA
Binsenlilie

Diese feine Zusammenstellung ist deshalb so gelungen, weil die silbernen Blätter und winzigen rosa Blüten des Wollziests *(Stachys byzantina)* als Folie für die aufgereihten Stiele der Binsenlilie *(S. striatum)* dienen. GEGENÜBER: Die speerförmigen Blätter und die mit kleinen Blüten dicht besetzten steifen Stiele sind charakteristisch für die Binsenlilie *(S. striatum).* Hier wurde sie auf kunstvolle Weise mit Pflanzen kombiniert, die sich durch einen rundlicheren Wuchs auszeichnen, wie Nelken und Sonnenröschen. VIGNETTE: Die mit sechs Blütenblättern ausgestatteten Blüten der Binsenlilie *Sisyrinchium striatum* haben ein dunkleres Auge und zarte braune Streifen auf den Unterseiten der Blütenblätter.

ausgestatteten 2,5 cm großen Büten sind strohgelb und haben ein dunkleres Auge. Die Außenseiten der Blütenblätter sind braun- oder purpurfarben gestreift. (Das Beiwort *striatum* bezieht sich auf diese Streifen.)

Binsenlilien werden heute wahrscheinlich in größerem Umfang gezogen als jemals zuvor, was aber nicht viel besagt. Es ist ein Glück, daß sie wiederentdeckt worden sind, da es nur wenige Blumen von solcher Farbe und noch weniger von einer so eigenen Form gibt. Ihre Blütenähren, die für sich allein steif aussehen können, wirken dann besonders schön, wenn sie mit kontrastierenden matten- oder hügelbildenden Pflanzen wie Nelken, Katzenminze und Sonnenröschen, *Helianthemum,* kombiniert werden. Sie teilen mit ihnen auch das Bedürfnis nach sonnigen Standorten.

Der Blattrieb, an dem sich eine Blütenähre entwickelt, stirbt ab, sobald die Blüten verwelkt sind. Die Horste müssen in einem nahrhaften Boden stehen und regelmäßig gedüngt werden, um jedes Jahr reich zu blühen. In mildem Klima, wo die Pflanzen häufig im Spätsommer geteilt werden, sind die Blätter immergrün. Damit die Pflanzen kräftig bleiben, sollte man sie häufig teilen und in frischen, humusreichen Boden wieder einpflanzen. Oft siedeln sich selbstausgesäte Sämlinge rings um die Mutterpflanzen an. *S. striatum* wird in nördlichen Gegenden gewöhnlich nicht als winterhart angesehen. Aber ihre Winterhärte ist wohl kaum ausreichend getestet worden. Ich habe Erfolg gehabt, obgleich meine Exemplare nicht so vollkommen sind wie die in den Grafschaften von East Anglia gezogenen.

STACHYS
LABIATAE
Ziest

STACHYS BYZANTINA
WOLLZIEST

STACHYS OFFICINALIS

Im Zuge des augenblicklich starken Interesses an silberblättrigen Pflanzen nimmt der Wollziest, *Stachys byzantina*, einen der ersten Plätze in dieser Pflanzengruppe ein und ist in der ersten Reihe vieler Rabatten zu finden. Als Pflanze, die eigentlich ohne Unterbrechung kultiviert wurde, hat sie ein beachtliches Comeback erlebt. Lammohren, wie ihre Vertreter gerne im englischen Volksmund genannt werden, überdauerten mehrere Modewechsel. Zunächst fanden sie großen Anklang als beeteinfassende Pflanzen und überlebten in dieser Funktion mehrere Generationen Noch vor hundert Jahren schrieb Peter Henderson, daß die ›Hedge Nettle‹, wie er den Wollziest nennt, »in großem Umfang zur Bildung weißer Linien in Bandbeeten verwendet wurde«. Fast zur gleichen Zeit, aber von der anderen Seite des Atlantik aus, empfahl Theresa Earle, Gartenbesitzerin in Surrey: »Auch im kleinsten und trockensten Garten sollte der Wollziest *Stachys lanata* nicht fehlen – eine Pflanze mit weißen, wolligen Blättern, die von Kindern auf dem Land ›Hasenohren‹ genannt wird und für einige Leute besonders reizvoll ist, die sich ihr ganzes Leben lang die Liebe zu etwas Wolligem und Weichem bewahrt haben.«

In der freien Natur vom Kaukakus bis nach Persien zu finden, wurde dieses Mitglied der Minzefamilie im Jahre 1782 nach England gebracht. Der von Dioskurides verwandte Name *stachys* ist das griechische Wort für ›Ähre‹ und nimmt Bezug auf die Blütenart der Pflanze. In älteren Büchern wird die Spezies im allgemeinen als *S. lanata* oder *S. olympica* geführt. Das augenblickliche Beiwort *byzantina*, hoffentlich das letzte, bezieht sich auf die Herkunft aus Byzanz. Es ist faszinierend, daß sich der Name einer so bescheidenen Pflanze durch Tausende von Jahren gehalten hat.

Der Wollziest breitet sich mit seinen 10–15 cm langen, wolligen Lammohren mattenartig über eine Fläche von 30 cm und mehr aus. Im Frühsommer erscheinen die Blütenstiele, die mit dem gleichen grauen Filz überzogen sind. Die dunkelrosafarbenen, röhrenförmigen Blüten sind in Reihen an den 45 cm langen Stielen angeordnet. Mrs. Earle wies darauf hin, wie gut sie sich zum Schnitt eignen und bemerkte: »In der Vase wachsen sie weiter wie Butterblumen und Vergißmeinnicht.« Einige Gartenfreunde haben etwas gegen die Blüten einzuwenden und schneiden sie deswegen ab. Obgleich ich keine solchen Verehrer der Viktorianer kenne, kann ich die nichtblühende Varietät 'Silver Carpet' als ausgezeichneten Bodendecker nur empfehlen.

Ich zähle den Wollziest zu einer der wertvollsten Stauden überhaupt. Seine Kolonien durchziehen meinen Garten wie silberglänzende Wasserläufe, manchmal verschwinden sie in der Tiefe einer Rabatte hinter Horsten aus blauem Lein und blaßgelbem Besenginster der Varietät *Cytisus scoparius* 'Moonlight'. Die schütteren Stengel der Mohnmalve, *Callirhoe involucrata*, wachsen durch seine Matten, und die schalenförmigen, magentaroten Blüten scheinen über dem silbernen Laubteppich noch stärker zu leuchten.

Die Kombinationsmöglichkeiten mit *S. byzantina* sind endlos, da er an vielen verschiedenen Standorten gedeiht, angefangen von einem sandigen Boden in voller Sonne bis hin zu einem nassen Lehmboden im Halbschatten. Wollziest ist ausgesprochen resistent gegen Trockenheit; einige Pflanzen, die bei mir an der Böschung wachsen, werden nur drei- oder viermal im Sommer zusätzlich gewässert. Neue Pflanzen lassen sich durch Wurzelstecklinge vermehren, aber am einfachsten ist es, die Horste im Frühjahr mit einem scharfen Spaten zu teilen. Ein Teilstück von ungefähr 20 cm Durchmesser läßt man am alten Platz, der schnell wieder ausgefüllt sein wird.

Die Spezies *Stachys officinalis* wird in den heutigen Gärten viel zu selten gezogen. Ihre violett-rosafarbenen Blüten erheben sich an steifen Stielen über gekräuselten, herzförmigen Blättern. Sie steht am liebsten in der Sonne. Seit frühester Zeit wird sie in England für viele Zwecke verwendet, nicht zuletzt als Schutz gegen Hexerei. Der Gartenfreund von heute liebt die 60 cm hohen, kräftigfarbenen Blüten vor allem im Juni, wenn sie zusammen mit Nachtkerzen einen besonders schönen Anblick bieten.

Während der Wollziest *(Stachys byzantina)* oft nur für lockere Rabattenbepflanzungen oder als Randbepflanzung verwendet wird, präsentiert dieses Parterre aus beschnittenem Buchs seine wolligen Blütenähren auf ganz besondere Weise.

Die Römer haben *Thalictrum* dem Bacchus geweiht und glaubten, daß einem Kind, das auf ein mit Wiesenrautenblüten gefülltes Kissen gebettet wird, ein reiches und schönes Leben beschert sei. Der Name leitet sich wahrscheinlich aus dem griechischen Wort ›thallo‹ ab, (blühen, gedeihen, strotzen), eine Anspielung auf die jungen Triebe. Die in England heimische Spezies *T. minus* wurde, wenn auch nicht mit großem Erfolg, als Heilmittel gegen Gelbsucht und Pest verwendet.

Im Laufe ihres fünfhundertjährigen Gartenlebens hat man den Spezies von *Thalictrum* nur wenig Aufmerksamkeit geschenkt. Als Mitglieder der Familie Ranunculaceae sind sie mit *Clematis, Aconitum, Helleborus* und *Anemone* eng verwandt. Sie haben dagegen keine verwandtschaftliche Beziehung zu der echten Raute *Ruta graveolens,* obgleich die Blätter beider Pflanzen eine gewisse Ähnlichkeit aufweisen. Im siebzehnten Jahrhundert haben sie an Ansehen gewonnen und waren in England gemeinhin als ›Spanish Tufts‹ oder ›Feathered Columbines‹ bekannt.

Die Ähnlichkeit mit Akeleien ist vor allem bei jungen Sämlingen so groß, daß Verwechslungen im Garten und im Handel unvermeidlich sind. Viele Jahre lang erhielt ich immer Dutzende Exemplare von *T. aquilegifolium,* gleich welche Spezies ich auch bestellte. Glücklicherweise gehört sie mit ihren flauschigen, rosalavendelfarbenen Blütenrispen, die sich im Juni an 90 cm langen Stielen entfalten, zu den schönsten unter den vielen Spezies. Sie ist in Europa und Westasien heimisch und gelangte zu Beginn des achtzehnten Jahrhunderts in die englischen Gärten. Als Peter Henderson sein *Handbook of Plants* (1890) veröffe tlichte, war sie in Amerika eine berühmte Rabattenpflanze.

Das Laub der Wiesenraute ist die ganze Saison über reizvoll. Die Pflanzen bringen, ob sie nun blühen oder nicht, Eigengewicht in die Rabatte. *T. speciosissimum,* es mag noch so ein Zungenbrecher sein, bringt schöne blaugrüne Blätter hervor, die im Hochsommer von Blütenköpfen in der Farbe von Zitronenbonbons bekrönt werden. Diese stattliche Pflanze, die 1,50 m hoch wird, ist zu Beginn des achtzehnten Jahrhunderts aus Spanien und Nordafrika nach England eingeführt worden. Die Namengebung ist etwas verwirrend, da manche die Spezies *T. speciosissimum* für die Subspezies von *T. flavum* halten. Diese Schwierigkeit in der botanischen Nomenklatur muß aber die Gartenfreunde nicht weiter stören; sie müssen nur wissen, daß diese letztere Spezies gewöhnliche grüne Blätter hat, während sich *T. speciosissimum* durch den Kontrast von Blau und Gelb auszeichnet. Die Form mit dem grauen Laub wird manchmal in den Gärtnereien als *T. flavum* 'Glaucum' geführt. *T. delavayi* ist zweifellos die schönste unter den Wiesenrauten. Sie wurde von Abbé Delavay in Westchina entdeckt und 1890 in England eingeführt. Die elegante, duf-

VIGNETTE: Amstelraute *(Thalictrum aquilegifolium).* OBEN UND GEGENÜBER: Die Blütenköpfe der Amstelraute *(T. aquilegifolium)* verleihen einem naturnahen Garten Textur. *Thalictrum speciosissimum* hat blau-graues Laub.

THALICTRUM RANUNCULACEAE

Wiesenraute

THALICTRUM AQUILEGIFOLIUM Amstelraute

THALICTRUM DELAVAYI

THALICTRUM SPECIOSISSIUMUM

tige Pflanze läßt über zartem Laub lange Blütenpyramiden aufwachsen. Die Blüten sitzen nicht in kompakten Köpfen dicht beieinander, sondern hängen an lichten Zweigen. Büschel blaßgelber Staubfäden machen den Reiz der winzigen, mauvefarbenen Blüten aus. Die Blüten entfalten sich im Hoch- und Spätsommer an 1,50 m langen Stielen. Graham Stuart

sich nicht mehr voneinander trennen, geben sich dafür im Garten aber gegenseitig Halt«.

Mag *T. delavayi* auch noch so hinreißend sein, ihre Benennung ist so verwirrend, daß man beim Kauf der Pflanze in große Schwierigkeiten gerät. In den Gärten wird sie meistens als *T. dipterocarpum* bezeichnet; es gibt aber tatsächlich

Die Blütenstengel der Wiesenraute *(Thalictrum delavayi)* schmücken sich mit Büscheln cremefarbener Staubgefäße in lockeren duftigen Rispen. GEGENÜBER: Die Strahlenblütchen der Amstelraute *(T. aquilegifolium)* geben den Blüten ein flaumiges Aussehen.

Thomas empfiehlt sie als Schnittblume und warnt davor, die Pflanzen zu eng nebeneinander zu setzen, »weil sich die Blütenstiele ineinander verwickeln und man sie zu hassen beginnt; sie lassen

eine echte *T. dipterocarpum*, die man indes nur selten finden kann. Damit die Sache noch komplizierter wird, versteckt sich auch die Spezies *T. rochebrunianum* unter beiden Namen. Ich habe diese Spezies

per Zufall bekommen, und ich möchte sie fast als meine Lieblingsart bezeichnen. Und da eine Spezies nach der anderen blüht, kann ich mich lange an ihnen erfreuen. *T. rochebrunianum* wird zum Glück ›Lavender Mist‹ (Lavendel-Nebel) genannt. Einem erfahrenen Gärtner kann es gelingen, ›Lavender Mist‹ auf eine Höhe von 3 m zu ziehen, aber normalerweise wird die Pflanze nur 1,50–2,10 m hoch. Sie trägt im Spätsommer und zu Beginn des Herbstes Massen rosa-lavendelfarbener Blüten mit flaumigen gelben Staubgefäßen.

Mag man nun die gewünschte Spezies finden oder nicht, Grund zur Klage bestünde nur dann, wenn der Platz nicht reichte, mindestens ein paar Dutzend Exemplare der Amstelraute zu pflanzen (die übrigens besonders schön vor gelben Trompetenlilien aussehen). Die flaumigen, gelben Blüten der Amstelraute *T. aquilegifolium* bieten einen prächtigen Anblick zusammen mit Eisenhut und Frauenmantel. Trotz ihrer Höhe müssen weder *T. delavayi* noch *T. rochebrunianum* unbedingt in den Hintergrund verbannt werden. Mit ihren durchsichtigen Blütenzweigen lassen sich zwischen Farnen und Japanischen Anemonen reizvolle Akzente setzen.

Wiesenrauten lassen sich problemlos ziehen, da sie sich in jedem Boden in der Sonne oder im lichten Schatten wohlfühlen. Sie bevorzugen einen durchschnittlich feuchten Boden, tolerieren aber auch sumpfige Bodenverhältnisse. Sie sind beinahe überall winterhart. Unter günstigen Bedingungen säen sie sich selbst aus, und es erscheinen gleich aussehende Sämlinge, die sich leicht verpflanzen lassen.

Die Calla weckt die verschiedensten Assoziationen – an luxuriösen Lebensstil, exquisite Blumengeschäfte oder, wie in meinem Fall, an Catherine Hepburn. Einer der meistimitierten Einfälle in diesem Jahrhundert ist wohl der Auftritt der großen Schauspielerin in *Stage Door,* wo sie mit einer einzigen Blüte in der Hand durch eine Terrassentür tritt und mit ihrer unvergeßlichen Stimme sagt: »Die Callas blühen wieder …«

Die wenigsten von uns bringen wahrscheinlich die Calla – die botanische Bezeichnung ist *Zantedeschia aethiopica* – mit Afrika in Verbindung. Was wir uns aber als eine seltene Treibhauspflanze von großer Eleganz und Raffinesse vorstellen, wächst in ganz Südafrika in Fülle. Von Mai bis Dezember leuchten vor allem in der Nähe von Kaptstadt in jedem Graben und Bach und auf jeder feuchten Wiese ihre elfenbeinfarbenen Spathen.

Stellen Sie sich die Aufregung vor, als Forschungsreisende die Blumen entdeckten und im Jahre 1731 mit ihnen nach England heimkehrten. *Zantedeschia* gehört zur Familie Araceae, einer exotischen Familie, die auch *Anthurium* und *Caladium* und die beiden berühmten Hauspflanzen *Philodendron* und *Monstera* umfaßt. Sie ist auch mit den Sumpfpflanzen der Gattung *Calla* verwandt, mit denen sie ursprünglich verwechselt wurde. Mit ihrem wissenschaftlichen Namen wird ein italienischer Botaniker geehrt, der 1873 starb. In alten Büchern heißt sie jedoch *Richardia africana.*

Die ungewöhnlichen Blüten erheben sich an 60 cm langen, starken und aufrechten Stielen über glänzend grünen, pfeilförmigen Blättern. Jede Blüte besteht aus einem gelben Kolben, dem sogenannten Spadix, der mit winzigen, echten Blüten dicht besetzt ist. Dieser ist in ein weißes Hüllblatt, die sogenannte Spatha, eingewickelt. Die elegant gebogenen Spathen von 12,5–23 cm Länge haben lange Zeit Floristen, Künstler und Gärtner fasziniert.

Die Calla ist in vielen Gegenden der Britischen Inseln und auch in den wärmeren nordamerikanischen Staaten – zum Beispiel Kalifornien – winterhart. Sie ist eine traditionelle Blume in Städten des ›Alten Südens‹ wie New Orleans, wo sie im Halbschatten üppig blüht. In milden Gegenden, wo die Callas das ganze Jahr über draußen gezogen werden können, entwickeln sie sich in einem tiefgründigen, nahrhaften Boden mit genügend Feuchtigkeit zu kräftigen Pflanzen. Sonnige Standorte sind in kühleren, maritimen Klimaten vorzuziehen, aber in wärmeren südlichen Gärten benötigen die Pflanzen etwas Schatten. Am Rande eines Teiches fühlen sie sich besonders wohl, und in Gegenden, wo sie nur bedingt winterhart sind, überleben sie am besten im tiefen Schlamm eines Teiches, wo der Frost nicht bis zu ihren tiefdringenden Wurzeln reicht. Vor einer nach Süden ausgerichteten Mauer können sie den Winter auch besser überstehen. Die Varietät 'Crowborough', eine Selektion, die man in einer offenen sonnigen Rabatte in einem Garten in Sussex gefunden hat, hat sich als winterhärter und weniger durstig erwiesen. Neue Pflanzen sollten in den ersten Jahren stark gemulcht werden, aus Vorsichtsgründen auch später noch.

In kälteren Gegenden kann man die *Zantedeschia aethiopica* in Töpfen ziehen, die man im Winter ins Haus holt. In diesem Fall setzt man die Knollen vertikal mit den Knospenspitzen nach oben in die Erde geräumiger Pflanzgefäße. Die Knollenspitzen sollten unmittelbar an der Erdoberfläche sitzen. Die optimale Topferde ist ein nahrhafter Lehm. Bis zum Erscheinen der ersten Blätter sind die Pflanzen mäßig zu gießen. Anschließend muß der Boden mit einer Schicht aus Kompost und nahrhafter Erde von ein paar Zentimetern bedeckt und feucht gehalten werden. Regelmäßiges Düngen fördert den Blütenflor, und ein Schutz vor der Nachmittagssonne ist notwendig. Die Pflanzen können im Herbst ins Haus gebracht werden. Damit sie grün bleiben, muß man sie der normalen Wasserzugabe allmählich entwöhnen, so als ob man die Trockenperiode ihres Heimatlandes imitieren wollte, in der die Knollen ihre Ruhepause einlegen.

Eine Varietät der Calla *Zantedeschia aethiopica* mit der Sortenbezeichnung 'Crowborough' hat sich als die winterhärteste der südafrikanischen Callaarten erwiesen. GEGENÜBER: Die gebogenen Spathen der Calla benötigen nur wenig Beiwerk für ein elegantes Arrangement.

ZANTEDESCHIA AETHIOPICA
ARACEAE
Calla, Arumlilie

60

ANHANG

WO ERHÄLT MAN STAUDEN?

Dem nachstehenden Verzeichnis deutscher Staudengärtnereien liegt die Mitgliederliste des Bundes Deutscher Staudengärtner mit Sitz in 6310 Grünberg zugrunde. Alle angeführten Staudengärtnereien verkaufen Pflanzen an Privatkunden ab Betrieb. Gärtnereien, die darüber hinaus Stauden an Privatkunden *versenden,* sind mit dem Zusatz »auch Versand« gekennzeichnet. Zur Zeit der Drucklegung dieses Buches war die Organisation der ostdeutschen Staudengärtner noch nicht vollständig abgeschlossen. Unser Verzeichnis kann deshalb einzelne Lücken aufweisen.

STAUDENGÄRTNEREIEN IN DEUTSCHLAND

Aachen	Behrens-Gartenpflanzen Inh.: Reinhard Behrens Soerser Weg 27 5100 Aachen
Augsburg	Erich Heim Baumschulen – Stauden Kalterer Str. 10 8900 Augsburg
Bad Freienwalde	Martina Otto Wilhelm-Pieck-Str. 2 a O-1311 Schiffmühle
Bad Salzuflen	Erich und Maria Niederstadt Staudengärtnerei Riedweg 15 4902 Bad Salzuflen 5
Bad Waldsee	Theoboldt Staudenkulturen Inh. H. Theoboldt Auf der Scheibe 2 7960 Aulendorf (auch Versand)
Bamberg	Karl-Heinz Marx Staudengärtnerei Bahnhofstr. 36 8602 Pettstadt (auch Versand)
Berlin	Wolfgang Gericke Staudengärtnerei Schönefelderstr. 123 1000 Berlin 47
Berlin	GPG Koepenick z.H. Herrn Dietrich Neitzke Mahlsdorferstr. 37 O-1170 Berlin
Berlin	VEB Saat- und Pflanzgut Berlin z.H. Herrn Horst Rubin Alt-Kaulsdorf 56–70 0-1144 Berlin
Bernburg	Heiner Arndt Staudengärtner Güstener Str. 4 O-4350 Bernburg

Borken	Stade Inh.: Helmut Stade Beckenstrang 24 4280 Borken-Marbeck (auch Versand)
Braunschweig	Günter Fuss Spezialkulturen Postfach 42 3308 Königslutter
Bremen	Staudengärtnerei Hokema Im Deichkamp 54 2800 Bremen 33
Bremen	Werner Früchtenicht Lauenbrückerweg 11 2720 Rotenburg/Wümme
Bremen	Pöppel-Stauden Inh.: Eckehard Pöppel Hauptstr. 95 2805 Stuhr 3-Seckenhausen (auch Versand)
Cottbus	Karin Kowalla Heinrichsfelder Allee 55 O-7590 Spremberg
Cottbus	Rudolph Wurm Berliner Str. 90 e O-7503 Kolkwitz
Darmstadt	Willumeit oHG Garten- und Landschaftsbau Heidelberger Landstr. 179 6100 Darmstadt-Eberstadt (auch Versand)
Darmstadt	Kayser u. Seibert Inh.: Klaus Seibert Wilhelm-Leuschner-Str. 85 6101 Roßdorf 1 (auch Versand)
Dresden	Klaus Jentsch Staudengärtner Rayskistr. 1–5 O-8020 Dresden
Dresden	Dr. Peter Lux Diplomgärtner Breitscheidstr. 5 O-8045 Dresden
Dresden	Gerhard Ihm Staudenkulturen Meißnerstr. 6 O-8132 Cossebaude/Gohlis
Dresden	Hans-Jürgen Koenitz An den Teichen 8 O-8101 Medingen
Dresden	Siegfried Stübler Zehnweg 19 e O-8101 Steinbach b. Moritzburg
Düsseldorf	Karl Winkler Goethestr. 61 4000 Düsseldorf
Düsseldorf	Gärtner – Pötschke GmbH Samen- und Pflanzenzuchtbetrieb Beuthenerstr. 4 4044 Kaarst 2
Eckernförde	Maren Lienau Staudenkulturen Post Groß Wittensee 2333 Damendorf
Erfurt	Dietmar Bartel Staudengärtner Melanchthonstr. 6 O-5020 Erfurt
Erfurt	Erfurter Blumensamen z.H. Herrn Dr. Cornel Chrestensen Marktstr. 38 O-5020 Erfurt
Erfurt	Wolfgang Klenart Staudengärtner Im Karren 1 O-5032 Erfurt
Erfurt	Edgar Koch z.H. Herrn Klaus-Dieter Koch Im kleinen Feld 8 O-5032 Erfurt
Erfurt	Saatzucht, Zierpflanzen z.H. Herrn Siegmar Poltermann Bindersl ebener Landstr. 25 O-5010 Erfurt
Erlangen	Andreas und Cornelia Augustin Staudengärtnerei Mittlerer Brühl 16 8521 Effeltrich
Eschwege	Albrecht Inh.: S. Lajendecker und H. Heintz Döringsdorferstr. 3 3442 Wanfried
Esslingen/Neckar	Hugo Raisch Breslauer Str. 1 7302 Ostfildern 2
Freiburg	Gräfin von Stein-Zeppelin Staudengärtnerei 7811 Sulzburg 2-Laufen (auch Versand)
Gera	Andreas Ham Staudengärtner Elsterstr. 111 O-6514 Bad Koestritz
Gießen	Johann I. Lintner Nieder-Ofleidener Staudenkulturen 6313 Homberg/Ohm 3
Gießen	Erich O. Volkmann Staudenkulturen Schillerstr. 34 6301 Heuchelheim 1 (auch Versand)
Gunzenhausen	Hermann Näpfel Staudengärtnerei Äußere Nürnberger Str. 99 8820 Gunzenhausen (auch Versand)
Hamburg	Klaus R. Jelitto Staudensamen Postfach 56 01 27 2000 Hamburg 56 (auch Versand)
Hamburg	Pflanzen Körner Staudenabteilung Poppenbüttler Straße 92 2000 Hamburg 65
Hamburg	Dettmar Möller Cuxhavenerstr. 577 2104 Hamburg-Harburg
Hamburg	Staudengärtnerei Härlen Inh. Helmut Härlen Unter den Linden 100 2093 Stelle
Hameln	Staudengärtnerei Junge Inh. Hans Großmann-Junge Seeangerweg 1 3250 Hameln 1
Hannover	Heinrich Hagemann Staudenkulturen Walsroder Str. 324 3012 Langenhagen 6 (auch Versand)
Hannoversch-Münden	Ernst Bernary GmbH Samenzucht Gimterstr. 4 3510 Hannoversch-Münden (Saatgut)

Hannoversch-Münden
Günter Wauschkuhn
Staudengärtnerei
3510 Hannoversch-Münden 15
(auch Versand)

Heidelberg
Nikolaus Müller
Stauden-Sommerblumen
Waldstr. 18
6901 Bammental

Heilbronn
Rolf Schimmele
SB-Baumschulen
Mühlweg 5
7107 Neckarsulm

Hildesheim
Willi Tangermann
Staudenkulturen
Rauhe Wiese 17
3204 Nordstemmen

Jena
Stephan Boock
Bäckergasse 2/251–3
O-6902 Jena-Lobeda

Karlsruhe
Emil Knecht KG
Garten-Zentrum
Rastatterstr. 18
7500 Karlsruhe 51

Kassel
Heinz Klose
Staudengärtner
Rosenstr. 10
3503 Lohfelden
(auch Versand)

Kiel
Peter Schwermer
Staudenkulturen
Schüttenredder 5
2300 Quarnbek-Flemhude

Köln
Baumschulen Jürgl KG
Staudenkulturen
Sürtherstr. 300
5000 Köln 50/Sürth

Leer/Ostfriesland
Ernst Pagels
Staudengärtnerei
Deichstr. 4
2950 Leer
(auch Versand)

Leer/Ostfriesland
Mühring-Staudenkulturen
Hauptstr. 171
2957 Westoverledingen-Völlenerfehn

Leipzig
VEB Gala Leipzig
z.H. Herrn Gerhard Schlegel
Beethovenstr. 31
O-7010 Leipzig

Leipzig
Ekkehard Guenther
Staudengärtner
Störmthalerstr. 24
O-7125 Liebertwolkwitz

Leipzig
Werner Krause
Staudengärtner
Hauptstr. 31b
O-7101 Althen/Leipzig

Leipzig
Ullrich Schirmer
Staudengärtner
Siedlung 13
O-7241 Albrechtshain

Ludwigsburg
Ernst Epple
Seerosen- und Sumpfpflanzen
Im Schemming 1
7141 Benningen

Lüdenscheid
Paul Schnell
Staudengärtnerei
Leifringhauserstr. 60
5880 Lüdenscheid

Magdeburg
Alfred Weinreich
Neuestr. 1
O-3210 Wolmirstedt

Mannheim
Andreas Huben
Schriesheimer Fußweg 7
6802 Ladenburg

Marburg
Boto Ganzevoort
Gärtnerische Staudenkulturen
Landstr. 58
3551 Bad Endbach

Mülheim/Ruhr
Angermunder Staudenkulturen
Inh.: Reiner Neis
Strooter Str. 100
4330 Mülheim-Seelbeck

München
Wolfram Burkhart
Trollblumenstr. 41
8000 München 50

München
Rolf Peine
Staudenkulturen
Mariabrunnerstr. 71
8000 München 60
(auch Versand)

München
Stauden Kraus
Heinz Kraus
Karl-Robiczek-Str. 2
8080 Fürstenfeldbruck

München
Käthe Qual
Staudengärtnerei
Hörmannsdorf 15
8019 Ebersberg/Obb.
(auch Versand)

München
Walter Reuther
Staudengärtnerei
Gärtnerstr. 11
8077 Baar-Eberhausen

Neuruppin
Johannes Schlegel
Staudengärtner
Thälmannstr. 1a
O-1601 Bindow

Neu-Ulm
Dieter Gaissmayer
Staudengärtnerei
Jungviehweide 3
7918 Illertissen

Nienburg/Weser
Burkhard Früchtenicht
Lohhof 28
3079 Uchte

Nördlingen
Eckhard Schimana Rieser
Staudenkulturen und Wassergärten
Waldstr. 21
8861 Deiningen
(auch Versand)

Nürnberg
Delius Garten-Center
Oedenbergerstr. 7
8500 Nürnberg

Nürnberg
Walter Radloff
Garten-Center
Schnieglingerstr. 54
8500 Nürnberg 90

Nürnberg
Stauden-Rudolf
Eismannsberg 16
8503 Altdorf
(auch Versand)

Offenburg
Hans Götz
Staudengärtnerei
Schrambergerstr. 65
7622 Schiltach
(auch Versand)

Oschatz
GPG Gartenstadt am Collm
z.H. Herrn Joachim Hertz
O-7261 Thalheim/Oschatz

Osnabrück
Stauden Müller
Inh.: Normar Brinkmann
Kampweg 28
4500 Osnabrück-Hellern
(auch Versand)

Pforzheim	Joachim Carl Alpengarten Pforzheim Auf dem Berg 7530 Pforzheim-Würm (auch Versand)
Pforzheim	Hans Volz Staudengärtnerei Zum Geigersgrund 41 7530 Pforzheim
Pinneberg	Hermann Neuhoff Inh.: Joachim Trox Lee-Dieksweg 17 2084 Rellingen (auch Versand)
Pinneberg	Konrad Tietgen Staudenkulturen Grüne Twiete 14 2083 Halstenbeck
Pinneberg	Karl Wachter KG Inh. H.J. Wachter Rollbarg 2081 Appen-Etz (auch Versand)
Pinneberg	Helmut und Frauke Walter Staudengärtnerei Pinneberger Straße 240 a 2081 Appen-Etz
Pirna	Annette Suckert Straße der Jugend 23 O-8306 Oybin
Potsdam	Bio-Bitt GmbH i.A. z.H. Herrn Hertel Am Raubfang 6 O-1572 Potsdam
Potsdam	Volker Joseph Staudengärtner Potsdamer Str. 50 O-1512 Werder/Havel
Potsdam	LPG GHW Werder z.H. Herrn Dieter Clauss Kemnitzer Chaussee 68 O-1512 Werder
Quedlinburg	GPG Quedlinburg z.H. Herrn Christian Schickardt Schiffbleck O-4300 Quedlinburg
Rees	Alfons Funk Gärtnerei Schwarze Furth Nr. 2 4242 Rees 2 – Empel (auch Versand)
Remagen	Walter Schweiss Staudengärtnerei Rheinbacherstr. 167 5482 Grafschaft Bölingen
Rendsburg	Ulrich Schwermer Heischhof-Stauden 2371 Krummwisch
Reutlingen	Werner Schöllkopf Inh. Rose Frank Staudengärtnerei Postfach 7137 7410 Reutlingen
Rosenheim	Born & Sohn Ebenholzweg 15 8201 Schechen-Deutelhausen
Saarlouis	Herbert Caspary Staudenkulturen Schulstraße 6632 Saarwellingen-Schwarzenh.
Schwäbisch-Gmünd	Staudengärtnerei Fehrle Inh. Jakob Hokema Schwerzerallee 61 7070 Schwäbisch-Gmünd
Schwerin	Eberhard Schuster Post Gädebehn O-2711 Augustenhof
Speyer	Germann Staudengärtnerei Am Rübsamenwühl 22 6720 Speyer
Starnberg	Wilhelm Demmel Baumschulen – Stauden Baumschulenstr. 3 8124 Seeshaupt
Straubing	Schwahn Staudengärtnerei Langholz 1 8441 Neukirchen
Stuttgart	Fritz Häussermann Staudengärtnerei Schützenhausweg 43–47 7000 Stuttgart-Weilimdorf (auch Versand)
Stuttgart	Wolfgang Otto Staudengärtnerei Sigmaringerstraße 7440 Nürtingen
Stuttgart	Robert Schneck & Söhne Staudenkulturen Fellbacherstr. 158 7012 Fellbach (auch Versand)
Stuttgart	Schönemann Baum- und Rosenschulen Fellbacherstr. 142–148 7012 Fellbach
Stuttgart	Hans-Peter Wahl Backnangerstr. 21 7153 Weissach im Tal
Villingen/Schw.	Josef Denz Inh. Hans Denz Rottweilerstr. 137 7730 Villingen-Schwenningen
Walsrode	Rosemarie Eskuche Staudenkulturen am Söhnholz 3031 Ostenholz
Walsrode	Stauden-Siebler KG Am Toggraben 1 3033 Schwarmstedt
Wilhelmshaven	Friesland-Staudengarten Uwe Knöpnadel Husumer Weg 16 2942 Jever 3 (Rahrdum) (auch Versand)
Wolfsburg	Baltin-Stauden Christian Baltin Mörserstr. 29 3180 Wolfsburg 13
Würzburg	Dr. Hans und Helga Simon Sortiments- u. Versuchsgärtnerei Staudenweg 2 8772 Marktheidenfeld (auch Versand)
Wuppertal	Georg Arends Inh. U. Maubach-Arends Monschaustr. 76 5600 Wuppertal 21/Ronsdorf (auch Versand)
Wurzen	Klaus Grünert Staudengärtner Roitzscher Weg 39 O-7250 Wurzen
Zittau	Karl Schlenkrich Hauptstr. 19 O-8801 Zippau-Pephau

BIBLIOGRAPHIE

Anderson, A.W., *How We Got Our Flowers.* (1945), New York 1956

Baumann, Hellmut, *Le Bouquet d'Athéna.* Paris 1984

Baynard, Tania, *Sweet Herbs and Sundry Flowers.* New York 1985

Bazin, G., *DuMont's Geschichte der Gartenbaukunst.* (1988), Köln 1990

Berrall, J.S., *The History of Flower Arrangement.* London 1953

Breck, Joseph, *The Flower Garden.* (1851), Guilford, CT, 1988

Brickell, C. und F. Sharman. *Pflanzenschätze aus alten Gärten.* Stuttgart 1988

Chatto, Beth., *The Green Tapestry.* London 1989

Coats, Alice M., *Flowers and Their Histories.* London 1956

Crockett, J.U., *Stauden.* (1972), o.O. 1977

Davis, P.H. (Hrsg.), *Flora of Turkey and the East Aegean Islands.* Edinburgh 1978

Dorrance, Anne, *Green Cargoes.* Garden City, N.Y., 1945

Everett, Thomas H., *The New York Botanical Garden Illustrated Encyclopedia of Horticulture.* New York 1981

Ewart, Neil, *The Lore of Flowers.* Poole, Dorset, 1982

Favretti, Rudy J. und Joy Putnam, *Landscapes and Gardens for Historic Buildings.* Nashville 1978

Feldmaier, C. und J. McRae, *Lilien.* 2. Aufl., Stuttgart 1982

Fessler, A., *Der Staudengarten.* Stuttgart 1991

Fish, Margery, *Cottage Garden Flowers.* London 1980

Fisher, John, *The Origin of Garden Plants.* London 1982

Foerster, K., *Blauer Schatz der Gärten.* Stuttgart 1990

Fogg, H.G. Witham, *History of Popular Garden Plants from A to Z.* London, New York 1976

Genders, Roy, *The Cottage Garden and the Old-fashioned Flowers.* London 1983
– *Growing Old Fashioned Flowers.* New York 1975

Gorer, Richard, *The Flower Garden in England.* London 1975

Gorkin, Nancy Kline (Hrsg.), *Perennials: A Nursery Source Manual.* New York 1989. In: Plants and Garden. Brooklyn Botanic Garden Record, Bd 44, Nr. 4

Gothein, M.L., *Geschichte der Gartenkunst.* Bd 1.2. (1914), Jena 1926

Grierson, Mary, *An English Florilegium.* New York 1988.

Hadfield, Miles, *A History of British Gardening.* (1960, unter dem Titel: Gardening in Britain), Harmondsworth 1985

Hansen, R., *Namen der Stauden.* Stuttgart 1972

Hansen, R. und F. Stahl, *Die Stauden und ihre Lebensbereiche.* 4. Aufl., Stuttgart 1990

Haughton, Claire Shaver, *Green Immigrants.* New York 1978

Hehn, Victor, *Kulturpflanzen und Haustiere in ihrem Übergang aus Asien nach Griechenland und Italien sowie das übrige Europa.* (1874 f.), Darmstadt 1963

Henderson, Peter, *Henderson's Handbook of Plants and General Horticulture.* New York 1890

Hennebo, D., *Gärten des Mittelalters.* München u. Zürich 1987

Hobhouse, P., *Farbe im Garten.* (1985), Stuttgart 1986

Huxley, Anthony, *An Illustrated History of Gardening.* London u. New York 1978

Ingwerson, Will, *Classic Garden Plants.* Feltham 1975

Jekyll, G., *Pflanzenbilder aus meinem Garten.* (1908), Stuttgart 1988

Jelitto, L., W. Schacht und A. Fessler (Hrsg.), *Die Freiland-Schmuckstauden. Handbuch und Lexikon der winterharten Gartenstauden.* 3. Aufl., Stuttgart 1985

Jessen, K.F.W., *Botanik der Gegenwart und Vorzeit in culturhistorischer Entwicklung.* Waltham, Mass. 1948

Köhlein, F., *Enziane und Glockenblumen.* Stuttgart 1986
– *Iris.* Stuttgart 1981

Krutch, Joseph Wood, *Herbal.* Boston 1976

Lawford, Florence, *Flowers in History.* London 1933

Lehner, Ernst und Johanna, *Folklore and Symbolism of Flowers, Plants and Trees.* New York 1960

Lloyd C., und R. Bird, *Kleine Gartenparadiese. Der Cottage-Garten.* Köln 1990

MacFadyen, David, *A Cottage Flora.* Exeter 1982

Marzell, H., *Die heimische Pflanzenwelt im Volksbrauch und Volksglauben.* Leipzig 1922
– *Geschichte und Volkskunde der deutschen Heilpflanzen.* 2. Aufl., Stuttgart 1938
– *Wörterbuch der deutschen Pflanzennamen.* Bd. 1–5 (1937), Leipzig 1956

Perry, F., *Blumen der Welt.* (1972), Freiburg 1982

Rehling, H., und P. Brohmer, *Unsere Pflanzen in Sage, Geschichte und Dichtung.* Dresden 1922

Rose, Jeanne, *Herbs and Things.* New York 1975

Schubert, Rudolf und Günter Wagner, *Botanisches Wörterbuch. Pflanzennamen und botanische Fachwörter.* 9. Aufl., Stuttgart 1988

Shishkin, B.K., *Flora of the U.S.S.R.* Moskau 1957

Sitwell, Sacheverell, *Old-fashioned Flowers.* London 1939

Söhns, F., *Unsere Pflanzen. Ihre Namenerklärung und ihre Stellung in der Mythologie und im Volksaberglauben.* (1897 f.) Leipzig u. Berlin 1920

Stearn, W.T., *Botanical Latin. History, Grammar, Syntax, Terminology and Vocabulary.* (1966 f.), Newton Abbot 1985

Strantz, Minna von, *Die Blumen in Sage und Geschichte.* Berlin 1875

Stuart, David und James Sutherland, *Plants from the Past.* Harmondsworth 1987

Synge, Patrick M., *Lilies: A Revision of Elwes' Monograph of the Genus Lilium and its Supplements.* London 1980

Taylor, Raymond L., *Plants of Colonial Days.* Williamsburg 1952

Taylor, G., *The Victorian Flower Garden.* London 1952

Tergit, G., *Kaiserkron und Päonien rot. Kleine Kulturgeschichte der Blumen.* (1958), 1963

Thomas, Graham Stuart, *Perennial Garden Plants, or The Modern Florilegium.* London 1982

Tolley, E. und C. Mead, *Kräuter. Gärten, Küche, Dekors.* (1985), Köln 1987

Whitten, Faith und Geoff., *Making a Cottage Garden.* London 1985

Wünsche, August, *Die Pflanzenfabel in der Weltliteratur.* Leipzig, Wien 1905

Yeo, P.F., *Geranien.* Stuttgart 1988

Zander, R., *Handwörterbuch der Pflanzennamen.* 13. Aufl., Stuttgart 1984

REGISTER

A

B

C

D

E

F

G

H

I

J

K

L

M

N

O

P

R

S

T

V

W

Y

Z